텃밭작물의 모든 것

한국의 텃밭작물

텃밭지기들 편

아이템북스

■ 머리말

날이 갈수록 안전한 먹을거리에 대한 관심이 점점 커지고 있다. 무농약 유기농 채소를 먹고 싶다는 마음이 간절하다. 시중에 유통되고 있는 채소들은 믿을 수가 없다. 우리 가족의 건강을 위해서라면 어떤 노고도 마다하지 않겠다는 결심은 의연하기까지 하다. 더 이상 가족의 건강이 위협받는 불안을 안고 살 수는 없다.

그래서인지 '우리 가족을 위한 텃밭갖기'가 전국에 들불처럼 번지고 있다. 내 가족의 손으로, 내 가족이 땀을 흘려서 키운 채소를 먹고 싶은 것이다.

원래 한국인의 집에 텃밭은 빠지지 않는 공간이었다. 상에 올릴 채소는 그날그날 텃밭에서 뚝뚝 따다 씻고 다듬으면 그만이었다. 하지만 시멘트와 아스팔트가 뒤덮은 도시에서 텃밭은 보기 힘들어진 지 오래다. 날로 심각해지는 공해로 인해 생겨나는 '우리 집 식탁의 불안'이 '텃밭가꾸기 바람'을 일으키고 있는 것이다.

전해 오는 소식에 의하면 미국 대통령 부인 미셸 오바마도 백악관에서 텃밭을 가꾸었다고 한다. 미셸 오바마는 백악관에 입주한 후 웰빙을 부르짖으며 백악관에 텃밭을 가꾼 것으로 알려졌다. 내가 어디에 있든 '경작' 은 '인간의 본능' 인 것이다.
텃밭은 분명 훌륭한 삶의 교실이기도 하다. 자라는 생명을 보살피고 지켜보는 과정에서 얻는 정서적 만족감도 귀하다.
텃밭을 가꾸면 채소값이 오를 때 든든하고, 농약 걱정에서도 자유로워진다. 그리고 힘은 들지만 수확을 기대하며 정성껏 일을 하다보면 텃밭에서 나는 한단의 채소보다 더 값진 가정의 건강과 화목을 덤으로 얻을 수 있다.

텃밭지기들

차례

머리말 | 4

엽채류

배추 | 11
봄동 | 19
양배추 | 22
시금치 | 29
상추 | 34
아욱 | 40
부추 | 45
들깨 | 51
미나리 | 57
쑥갓 | 65
머위 | 71
근대 | 78
청경채 | 85

근채류

무 | 93
순무 | 101
당근 | 107
우엉 | 114
감자 | 120
고구마 | 126

조미류

고추 | 135

마늘 | 142

파 | 147

쪽파 | 153

과채류

오이 | 161

호박 | 168

가지 | 177

토마토 | 184

동아 | 191

수박 | 198

참외 | 204

딸기 | 209

기타 작물

팥 | 217

콩 | 223

옥수수 | 230

연근 | 238

수세미 | 243

해바라기 | 249

한국의 텃밭 작물 _ 엽채류

배추 Chinese cabbage, 십자화과

한국인과 일심동체인 김치를 담그는 배추는 잎, 줄기, 뿌리를 모두 식용하는 버릴 것이 없는 채소다.
포기의 길이는 30~50cm이며, 잎이 여러 겹으로 포개져 자라는데 가장자리가 물결 모양으로, 속은 누런 흰색이고 겉은 녹색이다. 봄에 십자 모양의 노란 꽃이 총상화서

로 핀다. 잎 · 줄기 · 뿌리 모두에 비타민이 풍부하게 함유되어 있다.

배추 100g 중에는 비타민 A 33 IU비타민량 효과 측정단위, 카로틴 100 IU, 비타민 B_1 0.05mg, 비타민 B_2 0.05mg, 니코틴산 0.5mg, 비타민 C 40mg이 들어 있다. 연백軟白된 흰 부분에는 비타민 A가 없고 푸른 부분에 많다.

■ 잎

어릴 때는 털이 있으나 성숙한 포기의 잎에는 털이 거의 없다. 근생엽은 연녹색이고, 좁은 도란형으로서 끝이 둥글며 가장자리에 불규칙한 치아상의 톱니가 있다. 중심부의 잎은 서로 감싸면서 단단한 덩어리로 되지만 윗부분은 다소 퍼진다.

■ 꽃

봄철에 화경花莖이 자라서 윗부분에 총상화서가 발달하고 황색 꽃이 많이 달린다. 4수성이며 수술은 4강웅예4強雄蘂, 암술은 1개이다.

- 개화기 4월.

■ 열매

열매는 각과로서 긴 원주형이고 끝에 긴 부리가 있으며 익으면 벌어져서 흑갈색 종자가 나온다.

■ 심는시기 · 심는방법

봄배추는 4월 중순, 가을배추는 8월 중순에, 심기 전에 묘를 심을 구멍을 파고 물을 흠뻑 주면 초기 생육이 좋아진다. 가능한 배추를 심지 않았던 밭을 선택한다.

■ 수확기

봄재배는 씨를 뿌린 후 약 65일 정도면 가능하다. 가을재배는 씨를 뿌린 후 약 90~100일 정도에 수확하며, 위쪽을 눌렀을 때 단단해졌으면 수확한다. 가을배추는 늦게 수확할 경우 서리를 맞지 않도록 겉잎을 싸서 끈으로 묶어두는 것이 좋다.

■ 약리효과

삶아서 먹으면 목의 갈증이 진정되고, 식욕이 증가하며, 가슴이 시원해지고, 건위, 변비에 좋다. 날것 그대로 즙으로 만들어 마시면 숙취에 좋고, 배추를 빻아 끈적끈적하게 나오는 것을 바르면 까진 무릎이나 가벼운 화상에 좋다. 말린 것에 설탕과 생강을 넣어 달여 마시면 감기에 좋다.

■ 효능

섬유소질이 많고 저열량, 저지방 채소로 다이어트에 좋다. 식이 섬유소를 많이 함유하여 변의 양을 증가시키며, 장의 운동을 촉진시킴으로써 정장작용整腸作用, 즉 장을 깨끗하게 하는 효과가 있다.

■ 섭취방법

배추로는 통으로 김치를 담고, 생채로 국을 끓이기도 하고, 쌈을 싸서 먹기도 하고, 무침도 한다. 또 부침개나 다른 음식의 부재료로 많이 쓰인다.

봄동 Chinese cabbage, 십자화과

봄동은 품종이 따로 있는 것이 아니라 어떤 배추이든지 노지에서 겨울을 나며 자라고, 속이 꽉 차지 않아서 결구 형태를 취하지 못하며, 잎이 옆으로 퍼진 개장형을 띤 배추를 가리킨다. 달고 사각거리며 씹히는 맛이 좋아 봄에 입맛을 돋우는 겉절이나 쌈으로 즐겨 먹는다.

배추보다는 조금 두꺼운 편이지만, 어리고 연하며 아미노산이 풍부하여 씹을수록 고소한 맛이 나고 향이 진하다. 또 겨우내 먹어온 김장배추보다 수분을 많이 함유하고 있어 즉석에서 양념장에 버무려 먹으면 신선한 맛을 즐길 수 있다. 비타민 C와 칼슘도 풍부하여 국으로 끓여도 비타민이 덜 손상되는 것이 특징이다.

■ **수확기** 이른 봄.

■ 약리효과

찬 성질을 지니고 있어 몸에 열이 많은 사람에게 좋으며, 비타민 A의 전구체인 베타카로틴, 칼륨, 칼슘, 인 등이 풍부하며 빈혈을 없애주고 간장 작용을 도와 동맥경화를 예방한다.

■ 효능

섬유질이 풍부하여 위장의 활성화를 돕기 때문에 변비와 피부 미용에 효과가 있다.

■ 섭취방법

잎이 크지 않고 속이 노란색을 띠는 것이 고소하며 달짝지근하다. 겉절이를 할 때에는 소금에 절이지 말고 먹기 직전에 썰어서 무쳐야 사각거리는 특유의 맛을 더 잘 느낄 수 있다. 생채를 만들어 참기름과 깨소금으로 버무린 후 밥이나 국수 위에 듬뿍 올려 비벼 먹기도 한다.

양배추 Cabbage, 겨자과

• **원산지** 지중해 연안과 소아시아. • **생태** 2년초.

야생종은 서구로부터 지중해에 달하는 해안에 자생하였으며, 예부터 유럽에서 개량되었다. 우리나라에 들어온 것은 19세기 후반이다.

사계절 내내 각지에서 재배가 가능하며, 1년 내내 구할 수 있는 야채이다. 기온이 아침저녁으로 많이 내려가는 장소에서 재배하면 결구성結球性이 좋다.

양배추는 당분이 많기 때문에 달고, 아미노산이 풍부하기 때문에 맛이 좋다. 비타민 C도 대단히 많다.

■ 잎

잎은 두껍고, 털이 없으며, 분백색이 돌고, 가장자리에 불규칙한 톱니가 있으며, 서로 겹쳐지고, 중앙부의 것은 단단하게 포개져서 공처럼 둥글게 된다.

■ 꽃

2년생 뿌리에서 화경花莖이 자라 윗부분에서 총상화서가 발달하여 연황색의 십자화가 달린다. 꽃받침잎과 꽃잎은 각 4개씩이고, 6개의 수술 중 4개는 길며 2개는 짧고 암술은 1개이다. 꽃받침잎은 긴 타원형이며 길이 1cm 정도로서 비스듬히 서고, 꽃잎은 도란형이며, 밑부분이 좁아져서 대같이 되고 길이 2cm 정도로서 연황색이다.

- 개화기 5월.

■ 열매

열매는 각과로 짧은 원주형이며 비스듬히 선다.

■ 심는시기 · 심는방법

봄재배중부지방, 고랭지 3~4월, 여름재배준고랭지, 고랭지 5월 중순~6월 상순, 가을재배중부이남, 남부난지 7월, 월동재배남부지방 9월에 심는다.
본잎 3~4장의 어린묘를 이랑 너비 60~66cm, 포기 사이 45~60cm로 보통 한줄 재배를 한다.

■ 수확기

봄재배는 7~8월, 여름재배는 9월, 가을재배는 11~12월, 월동재배는 파종한 이듬해 3~5월에 수확한다.

■ 약리효과

위장에 매우 좋은 효능을 한다. 위벽 점막을 수복하고, 위궤양을 치유하는 효과가 있는 비타민 U를 함유하기 때문이다. 비타민 U만을 추출한 위장약도 있는데 사실 양배추를 날로 먹어도 충분하다. 너무 많이 삶으면 비타민 U가 손상되기 때문에 위와 십이지장궤양을 위해서 먹는다면 날것을 주스로 만들어 먹으면 된다.
독특한 단맛이 있는데, 이 단맛은 자당과 포도당 때문에

나는 것이다. 허약체질인 사람은 양배추를 수프로 만들어 몸을 덥히면서 먹는 것도 효과적이다.

■ 효능

저열량, 저지방 식품이며 식이섬유소 함량이 많아 포만감을 주어 식사량을 줄여주므로 다이어트에 좋다. 또한 풍부한 식이섬유소가 장운동을 활발하게 하여 변비를 예방해준다.

■ 섭취방법

다른 채소와 과일을 섞어 샐러드로 만들어 먹거나 익혀서 쌈으로 먹기도 한다. 샌드위치의 속재료로 이용하기도 한다.

시금치 Spinach, 명아주과

• **원산지** 페르시아 지방. • **생태** 1~2년초.

페르시아 지방이 원산지이며, 중국을 통해서 우리나라에 전파되었다. 1577년선조 10에 편찬된 『훈몽자회』에서 시금치가 등장하는 것으로 보아 조선 초기부터 재배된 것으로 여겨진다. 주요 성분은 단백질, 지방, 탄수화물, 섬유질이며, 그 밖에 철분, 비타민 A, 비타민 C가 들어 있다.

■ 잎

잎은 처음에는 밑에서 몰려나오지만 원줄기에서는 호생하며, 밑동의 잎은 긴 삼각형 또는 난형으로서 밑부분이 우상으로 갈라지고 끝이 둔하며, 위로 갈수록 점점 작아져서 피침형으로 된다.

■ 꽃

꽃은 암수딴그루로 피며, 수꽃은 잎이 없는 수상화서 또는 원추화서에 달리고, 4개씩의 화피열편과 수술이 있으며, 꽃밥은 연한 황색이다. 암꽃은 엽액에 3~5개씩 달리고 꽃 밑에 화피 같은 소포가 있으며 암술대는 4개이다.

• 개화기 5월.

■ 열매

열매는 포과로서 꽃받침 같은 소포에 싸여 있고, 2개의 가시가 있다.

■ 심는시기 · 심는방법

봄–2월 상순~5월 하순, 여름–6월 상순~8월 하순, 가

을–9월 중순~11월 하순에, 폭 18~21cm로 씨 뿌릴 자리를 파고 파종한다.

■ 수확기

봄가꾸기는 4, 5월에 씨를 뿌려 5, 6월에 수확하고, 여름가꾸기는 6~8월에 씨를 뿌려 8~10월에 수확한다. 가을가꾸기는 9, 10월에 씨를 뿌려 10~3월에 수확한다.

■ 효능

시금치는 풍부한 섬유소질을 함유하고 있어 변비에 좋고, 시금치에 함유되어 있는 철분과 엽산은 빈혈을 예방한다.

■섭취방법

갖은양념으로 나물을 무치거나 된장을 풀어 국을 끓여 먹는다. 수산성분이 많으므로 익혀 먹는 것이 좋다. 우리나라에는 주로 두 가지 품종이 나오는데 국거리로는 잎이 넓고 줄기가 긴 것이 좋으며, 나물을 무칠 때는 짤막하면서도 뿌리 부분이 불그스름한 것이 달착지근하고 고소하다.

상추 Lettuce, 국화과

• **원산지** 유럽. • **생태** 2년초.

상추는 재배 역사가 매우 오래 되어, 기원전 4500년경의 고대 이집트 피라미드 벽화에 작물로 기록되어 있기도 하다. 중국에는 당나라 때인 713년의 문헌에 처음 등장하고, 한국에는 연대가 확실하지 않으나 중국을 거쳐 전래되었다.

재배되는 상추는 품종이 많이 분화되어, 크게 결구상추, 잎상추, 배추상추, 줄기상추의 4가지 변종으로 나뉜다. 한국에서는 주로 잎상추를 심으나 최근에는 결구상추도 많이 심고 있다.
상추는 비타민과 무기질이 풍부하며, 줄기에서 나오는 우윳빛 즙액에 락투세린Lactucerin과 락투신Lactucin이 들어 있는데, 이것이 진통과 최면 효과가 있어 상추를 많이 먹으면 잠이 온다.

■ 잎

근생엽은 타원형으로서 크지만, 경생엽은 점차 작아지며, 윗부분의 것은 밑부분이 원줄기를 감싸고, 양면에 주름이 많으며, 가장자리에 불규칙한 톱니가 있다.

■ 꽃

꽃은 황색이며, 두화는 가지에 총상으로 달리고, 밑부분에 많은 포엽이 달려서 전체가 큰 산방상으로 된다.

• 개화기 6월.

■ 열매

수과는 끝에 긴 부리가 있고, 능선이 있으며, 그 끝에 백색 관모가 낙하산처럼 퍼져 있다.

■ 심는시기 · 심는방법

3~6월에, 6cm 간격의 골에 줄뿌림을 하고 가볍게 복토한다.

■ 수확기

잎상추는 심은 후 30일경부터 수확하며, 결구상추는 심은 후 40~50일경부터 수확기에 도달하므로 결구한 것부터 차례로 수확한다.

■ 효능

상추 줄기에 있는 우윳빛 유액에 함유된 알칼로이드 성분이 신경안정 작용을 하여 숙면에 효과가 있다.

■ 섭취방법

아삭아삭 씹히는 신선한 상추는 고기 먹을 때나 밥을 쌈으로 싸 먹고, 상추 겉절이나 상추 무침, 샐러드나 샌드위치 등에 사용한다.

• 잎상추

• 결구상추

아욱 Mallow, 아욱과

• **원산지** 북온대 및 아열대지방. • **생태** 1년초.

아욱은 중국에서 '채소의 왕'으로 여겼던 중요한 채소였고, 오랜 재배 역사를 지닌 채소로 중국과 우리나라에서 특히 사랑 받아온 채소다. 농촌과 사찰 등에서 흔히 심는다. 토양은 특별히 가리지 않으나, 습기가 잘 유지되고 비옥한 토양에서 잘 자란다.

채소 중에서는 영양가가 높은 편이다. 칼슘, 비타민 A, 비타민 C가 풍부하게 들어 있다. 시금치보다 단백질은 거의 2배, 지방은 3배나 더 들어 있으며, 칼슘도 100g에 67mg으로 2배나 많다.

■ 잎

잎은 호생하고 엽병이 길며 원형에 가깝고 5~7개로 얕게 장상掌狀으로 갈라지며 5~7개의 주맥이 있고 열편은 넓고 짧으며 둔두이고 가장자리에 둔한 톱니가 있다.

■ 꽃

봄철부터 가을철까지 엽액에 소화경이 있는 연한 분홍색 꽃이 모여 달리며, 포엽은 3개이고 넓은 선형이다. 꽃잎은 5개이며 끝이 파진다.

- 개화기 7월.

■ 열매

둥글납작하며 꽃받침에 싸여 있고 심피는 접촉면과 중축이 떨어지며 털이 없고 담갈색이며 8~9월에 익는다. 종자를 동규자冬葵子라 한다.

■ 심는시기 · 심는방법

2월 중순~4월 하순에, 땅에 바로 파종한 후 싹이 트면 2~3회 솎음 작업만 해주면 된다. 이랑 간격은 1~1.2m, 포기 간격은 12~20cm 정도면 적당하다.

■ 수확기

어린 잎과 줄기를 수확한다.

■ 약리효과

한방에서 종자를 동규자 또는 규자라 하여 분비나 배설을 원활하게 하는 약재로 사용힌디.

■ 효능

무기질, 칼슘이 풍부하여 어린이의 성장발육에 도움을 준다.

■ 섭취방법

아욱은 국거리로 많이 이용되고 있다. 그리고 아욱죽, 아욱쌈으로도 많이 먹고 있다.

부추 Chives, 부추과

• **원산지** 지중해 연안. • **생태** 다년초.

'봄부추는 인삼보다도 좋다' 고도 하고, '봄부추 한 사발은 피 한 사발과 같다' 는 말도 있다. 특유의 향으로 입맛을 돋우는 부추는 봄이 오면 가장 먼저 얼굴을 내미는 채소 중에 하나다.

부추는 일 년 내내 구할 수 있으나 이른 봄부터 여름에 걸쳐 나오는 것이 연하고 맛이 좋다. 예로부터 간 기능을 강화하고, 혈액순환을 도우며 몸을 따뜻하게 하고, 만성요통을 개선하고, 감기나 설사, 빈혈의 치료에도 효능이 있는 것으로 전해져왔다.

■ 잎

잎은 서며, 선형이고, 육질이며, 길이 30cm 내외로 녹색을 띤다.

■ 꽃

잎 사이에서 길이 30~40㎝의 편평한 화경花莖이 나와 끝에 큰 산형화서가 피는데, 곧게 선 가늘고 작은 화경에 촘촘히 모여 반구상을 이룬다.

- 개화기 7월.

■ 열매

과실은 삭과로서 심장형이며 3갈래로 벌어져 6개의 검은색 종자가 나오는데, 이것을 구자韭子라고 한다.

■ 심는시기 · 심는방법

3월에, 포기 사이 20~30cm 간격으로 직파하고, 다소 베게 파종하며, 복토는 3~15mm로 균일하게 한다.

■ 수확기

잎 길이의 80% 정도가 23~25cm 정도 되면 수확한다. 수확 횟수는 봄에는 2~3회, 가을은 1~2회 수확하는 것이 가장 좋다. 수확할 때 부추를 자르는 높이는 첫 수확 시 3~4cm, 그 후에는 첫 수확 절단부위에서 1~1.5cm 이상 남기고 수확해야 재생력이 왕성하며 다음 수확 시기가 빠르다. 부추는 너무 세면 맛이 없고 질기기 때문에 세지 않은 것이 좋다.

■ 약리효과

부추의 독특한 향기는 '유산아릴' 이라는 물질 때문에 발생한다. 이것은 혈액순환을 돕고, 위장을 따뜻하게 데우며, 자양 강장 효과도 있다. 씨는 구자韭子라고 하여 죽에 넣어 함께 끓이고, 그 국을 마시면 더 큰 효과를 볼 수 있다. 그리고 구토를 할 때 부추즙을 만들어, 생강즙을 조금

타서 마시면 잘 멎는다.

■ 효능

부추에 들어 있는 칼륨은 체내의 나트륨을 몸 밖으로 내보내는 역할을 한다.

■ 섭취방법

대표적인 요리는 부추김치이고, 부침개의 재료로도 많이 이용되며, 국거리 등으로 쓴다.

들깨 Perilla, 꿀풀과

• **원산지** 동남아시아. • **생태** 1년초.

인도의 고지高地와 중국 중남부 등이 원산지이며, 한국에는 통일신라시대에 참깨와 함께 들깨를 재배한 기록이 있는 것으로 보아 옛날부터 전국적으로 재배된 것으로 보인다.

우리가 흔히 깻잎이라고 하는 것은 들깨의 잎을 가리키는 것으로 들깨가 생육하는 동안에 잎을 수확하여 식용으로 하는 것이 바로 깻잎이다. 깻잎에 들어 있는 독특한 향이 입맛을 돋우어주므로 쌈채소로 많이 이용된다. 특히 육류의 누린내와 생선의 비린내를 없애주기 때문에 쌈으로 많이 먹는다. 종자에서 짜낸 기름은 용도가 많다.

잎

잎은 대생하며, 난상 원형이고, 끝이 뾰족하며, 길이 7~12cm, 나비 5~8cm로서 가장자리에 둔한 톱니가 있으며, 녹색이지만 때로는 뒷면에 자줏빛이 돌고 엽병이 길다.

■꽃

꽃은 백색이며, 가지 끝과 원줄기 끝의 총상화서에 달린다. 4개의 수술 중 2개가 길다.

• 개화기 8월.

■열매

분과分果는 꽃받침 안에 들어 있고, 둥글며 지름 2mm정도로서 겉에 그물 무늬가 있다. 종자를 짜서 얻은 기름을 임유荏油:들기름라 한다.

■심는시기 · 심는방법

봄에, 이랑 폭 60cm, 포기 사이 15~25cm로 하여 파종한다.

■ 수확기

① 깻잎은 잎이 녹색일 때는 항상 따서 먹을 수 있다.

② 들깨는 줄기가 누렇게 변할 때에 수확한다. 수확 시 종자가 떨어지기 쉬우므로 흐린 날 아침이나 저녁 때 수확하며, 낫으로 예취한 들깨는 30cm 가량의 다발로 묶어 통풍이 잘 되는 곳에 세워 말린 후 털어낸다.

■ 효능

깻잎 안에 있는 파이톨phytol은 암세포만 찾아가서 제거시키고, 병원성 대장균과 같은 세균을 제거하며, 인체의 면역기능을 강화시키므로 결국 항암 및 면역력을 증강시키는 작용을 한다.

■ 섭취방법

① 깻잎을 쌈으로 먹는 것이 가장 선호하는 방법이다.

② 깻잎을 끓는 물에 소금을 넣고 살짝 데친다. 간장, 다진 파, 다진 마늘, 참기름, 깨소금 등을 넣어 양념장을 만들어 깻잎에 넣고 무친다. 냄비에 들기름을 두르고 양념한 깻잎을 볶다가 물을 약간 넣고 냄비 뚜껑을 덮어 잠시 더 익힌다. 짧게 썬 실고추를 섞은 뒤 접시에 담는다. 깻잎은 오래 익히면 질겨지므로 살짝 익힌다.

③ 들깨는 볶아서 바로 먹거나 들기름을 짜서 각종 요리에 이용한다.

미나리 Water dropwort, 미나리과

• **원산지** 한국. • **생태** 다년초.

물기 많은 습지에서 자라는 미나리는 봄을 알리는 채소이다. 여린 줄기와 잎은 부드럽고 향이 좋아 생으로 먹어도 된다. 물을 좋아하는 식물이기 때문에 물기가 많은 곳이면 어디서나 재배가 가능하다. 미나리는 이른 봄부터 먹을 수 있으며, 특유한 향취를 갖고 있어 나물, 물김치 및 기타 음식에 곁들이는 등, 연중 이용하는 채소이다. 우리나라에서는 언제부터 식용하였는지 확실한 기록은 없으나, 『고려

사』에 근전芹田이라는 말이 나오는 것으로 보아 고려시대 때에 미나리가 식용되고 있었음을 알 수 있다.

■ 잎

잎은 호생하고, 근생엽과 더불어 긴 엽병이 있으나 위로 가면서 점점 짧아지며, 삼각형 또는 삼각상 난형이고, 길이 7~15cm로서 1~2회 우상복엽이며, 소엽은 난형이고 길이 1~3cm, 폭 7~15mm로서 톱니가 있다.

꽃

복산형화서는 7~9월에 원줄기 끝 부근에서 10~25개의 백색 꽃으로 달리며 꽃잎은 5개이다. • 개화기 7월.

열매

분과는 타원형이고 가장자리의 능선이 코르크화되며 긴 화주花柱가 있다. 미나리는 줄기로 번식한다. 꽃이 피고 씨앗을 맺지만 이를 종자로 쓰지 않는다.

■ 심는시기 · 심는방법

여름과 가을에, 다 자란 줄기를 10cm 정도 되게 잘라, 이랑 간격과 포기 사이를 각각 30cm 정도 간격을 두고 심는다.

■ 수확기

밭미나리로 재배할 경우 봄부터 가을까지 재배가 가능하고, 수확은 6월, 8월, 11월에 한다. 밭에서 재배하는 미나리는 보통 심고 난 후 30~45일 정도가 지나면 수확이 가능하며, 길이가 50cm 정도 된다. 땅 표면에서 2~3cm 정도를 남기고 줄기를 절단하면 뿌리는 계속 살아남아 또 다시 잎과 줄기를 키워서 이용할 수 있다.

■약리효과

위장의 열을 빼고 개운하게 하며, 폐에 열이 나서 발생하는 기침과 가래를 줄이는 데도 효과적이다. 물에 넣어 달인 즙을 마시면 고혈압에 좋다.

■효능

입맛이 없을 때 향으로 입맛을 회복시켜주며, 식이섬유소가 풍부하여 변비에 좋다.

■ 섭취방법

삼겹살을 구워 미나리를 돌돌 말아 먹었다. 미나리비빔밥도 좋고, 미나리전도 좋고, 돼지수육에 미나리를 곁들여 먹어도 좋다. 생채는 무침이나 즙으로도 먹는데, 미나리 향은 은근하여 이른 봄의 향기를 만끽하기에 충분하다. 삶아서 무쳐 먹기도 하지만 익히면 향이 달아나고 식감도 떨어진다.

쑥갓 Crown daisy, 국화과

• **원산지** 지중해 연안. • **생태** 1~2년초.

세계 각지에서 오랫동안 재배하여 왔다. 춘국春菊라고도 한다. 서양에서는 관상용으로 심으며, 동양에서는 채소로 재배한다. 상추쌈에 곁들이는 쌈재료로 이용하거나 데쳐서 나물로 한다.

재배는 보통 봄·가을에 실시하지만 연중 재배할 수도

있다. 잎의 결각缺刻 상태에 따라 대엽종, 중엽종, 소엽종이 있는데, 한국에서는 대부분 중엽종이 재배되고 있다. 중엽종은 분지가 많고, 생육이 왕성하며, 수확이 비교적 빠른 장점이 있다.

잎은 가늘고 부드러우며, 특유의 향기가 있고, 주성분은 피넨pinene, 벤즈알데히드benzaldehyde 등이다.

■ 잎

잎은 호생하고, 2회 우상으로 깊게 갈라지며, 엽병이 없고 열편은 다시 우상 또는 결각상으로 갈라진다.

■ 꽃

꽃은 황색 또는 백색이며 두화는 가지와 원줄기 끝에 1개씩 달리고 지름 3cm 정도이다.

• 개화기 5월.

■ 열매

수과는 삼각기둥 모양 또는 사각기둥 모양이고, 모서리는 다소 날개처럼 도드라지며, 길이 2.5mm 정도로 갈색이다.

■ 심는시기 · 심는방법

4~9월에 파종하며, 12cm 이랑에 3~4줄로 줄뿌림하거나 흩뿌림한다.

■ 수확기

4~9월에 파종하여, 2~3회에 걸쳐 연속적으로 나누어 수확할 수 있다. 파종 후 30일 전후 초장이 17~20cm 정도 되었을 때 수확한다.

■ 효능

열량이 낮고 비타민, 무기질이 풍부해 다이어트 식품으로 좋다. 식이섬유소가 풍부하여 변비에 좋다.

■ 섭취방법

생채, 숙채, 튀김, 무침 등의 다양한 요리가 가능하다.

머위 Coltsfoot, 국화과

• **원산지** 한국. • **생태** 다년초.

들판에 봄이 왔음을 알리는 채소 가운데 하나이다. 이른 봄에 잎보다 먼저 꽃줄기가 자라는데, 꽃이삭은 커다란 포로 싸여 있다. 꽃이 진 후 자라는 잎과 자루는 나물로 식용하고, 꽃이삭은 식용 또는 약용한다. 쌉싸름한 맛이 난다.

머위는 습지에서 자라는 식물로, 짧은 뿌리줄기에서 많은 땅속가지가 갈려져서 사방으로 퍼지고, 그 끝에서 새순이 나온다. 이른 봄 잎이 나오기 전에 뿌리줄기 끝에서 꽃줄기가 나와 많은 두상화가 달린다. 꽃이 진 다음 뿌리줄기에서 잎이 돋다. 다소 습기가 있고 비옥한 곳에서는 잎의 크기가 30cm 이상도 자라지만, 건조하고 메마른 곳에서는 잎자루도 짧고 잎도 작다. 잎과 잎자루는 몹시 쓰므로 데치거나 삶아서 먹는다. 머위 잎에는 비타민 A를 비롯해서 비타민이 골고루 있으나 줄기에는 적다.

■ 잎

근생엽은 엽병이 길며, 신장상 원형이고, 지름 15~30cm로서 표면에 꼬부라진 털이 있으나 곧 없어지며 가장자리에 불규칙한 치아상의 톱니가 있다.

■ 꽃

이른 봄에 높이 5~45cm의 화경花莖이 나오고, 평행한 맥이 있는 포가 화경에서 호생한다. 꽃은 지름 7~10mm로서 산방화서에 촘촘하게 달리고 포가 밑 부분을 둘러싸며 화경은 길이 1~2.5cm이다.

• 개화기 4월.

■ 열매

수과는 원통형이고 길이 3.5mm, 지름 0.5mm 정도로서 털이 없으며 관모는 길이 12mm 정도이고 백색이다.

■ 심는시기 · 심는방법

3~4월에, 뿌리줄기를 채취하여 이랑 넓이 120cm에 10cm 간격으로 심으며 볏짚 등으로 덮어 건조하지 않도록 관리한다.

■ 수확기

꽃은 꽃이 자라기 전에 채취하고, 잎은 손바닥 크기만큼 자랐을 때, 잎자루 밑을 꺾어 수확하는데, 1개월에 1회씩 수확이 가능하지만 고온기 여름철은 잎은 거칠어서 먹을 수 없으므로 잎자루를 수확하여 식용한다.

■ 약리효과

꽃이 자라기 전에 채취하여 동그란 모양 그대로 그늘에 말려 다려 마시면 기침을 멈추게 하고, 천식, 가래를 없애 준다.

■ 효능

머위는 비타민 A를 비롯하여 비타민 B_1, 비타민 B_2, 칼슘 성분이 많은 알칼리성 식품으로 골다공증에 좋으며, 섬유소질이 풍부하여 꾸준히 섭취하면 변비예방에 좋다

■ 섭취방법

어린잎과 어린 꽃, 줄기를 식용하며 무쳐 먹거나 녹즙, 머위 샐러드, 된장무침, 조림 등으로 이용한다.

근대 Leaf beet, 명아주과

• **원산지** 유럽 남부. • **생태** 2년초.

뿌리가 비대하지 않고 잎이 발달하여서 봄에서부터 가을까지 연중 생채生菜를 얻을 수 있도록 개량한 채소작물이다. 요리에는 근대의 1년생 잎을 이용하는데, 예로부터 근대국은 서민들이 즐겨 먹던 음식의 하나이다. 『증보산림경제』에는 '뿌리와 줄기로 국을 끓이면 맛이 담백하다'

라고 되어 있다. 줄기와 잎을 잘라 먹으면 새순이 곧 돋아나 사철 언제나 식용할 수 있다. 그래서 부단초不斷草라고도 한다. 옛날부터 위와 장을 튼튼하게 해주는 식품으로 전래된다. 근대는 성분상으로 보아 시금치와 비슷하며, 무기질과 비타민의 우수한 공급원이다.

■ 잎

난형 또는 긴 타원형으로 두껍고 연하다.

■ 꽃

꽃은 황록색으로 피는데 작은 꽃이 모여 1개의 덩어리처럼 되며, 원추형을 이룬다.

• 개화기 6월.

■ 열매

열매는 크게 자란 꽃턱과 화피로 된 딱딱한 껍질 속에 1개씩 들어 있다.

심는시기 · 심는방법

자연 상태에서 3월부터 파종하여 재배가 가능하다. 밭에 직접 파종할 경우는 75~95cm 간격의 이랑을 만들어 2줄씩 심는다.
파종량은 3.3㎡당 24㎖ 정도가 소요되며, 싹튼 후 2~3회 정도 솎음을 하는데, 나중에는 가로 세로 30cm 정도로 남긴다.

수확기

어릴 때부터 식용이 가능하므로 직파 재배시 2~3배 솎음한 것을 이용한다. 더위에 견디는 힘이 강해 여름에 시금치 대용으로 재배한다.

약리효과

근대국은 위와 장이 나쁜 사람에게 식이요법용으로 이용된다. 생약으로는 열매를 쓰며 첨채자菾菜子라 한다.
사포닌, 레시틴 등이 함유되어 있으며, 소아용 해열제나 치루로 인한 하혈에 쓴다.

■효능

단백질 함량은 적으나 라이신, 페닐알라닌 등의 필수 아미노산을 많이 함유하고 있다. 칼슘, 철분과 같은 무기질의 함량이 높고, 비타민 A가 풍부하여 밤눈이 어두운 사

람과 성장발육이 뒤늦어지는 어린이에게 매우 좋은 채소이다.

■ 섭취방법

시금치와 동일한 방법으로 요리를 하며, 줄기가 다소 억세므로 벗겨내면 좋다. 나물이나 국으로 끓여 먹으며, 쌀과 함께 채소죽을 쑤어 먹기도 한다. 쌈으로 먹을 때에는 풋내와 흙내가 나기 쉬우므로 끓는 물에 살짝 데쳐서 이용한다.

청경채 Pak choi, 십자화과

• **원산지** 중국 화중 지방. • **생태** 1년초.

중국 배추의 한 가지이다. 명칭은 잎과 줄기가 푸른색을 띤 데서 유래하였다. 원래 청경채는 배추의 야생종으로, 7세기경에 중국의 양주 지방에서 오랜 기간 동안 자연 교잡되어, 지금 배추의 원시형을 탄생시킨 조상이기도 하다. 차고, 서늘한 기후에서 잘 자라지만 더위에도 강하다.

특별한 맛이나 향은 없고, 매우 연하다. 영양 성분으로는 비타민 C나 비타민 A 효력을 가진 카로틴이 듬뿍 들어 있다. 칼슘이나 나트륨도 많고, 일 년 내내 이용할 수 있는 녹황색 채소다.

■ 잎

잎은 위로 자라고, 중앙의 맥은 넓고 두껍다. 잎은 둥그스름하고, 연록색이며, 아랫부분이 비대하여 단단하고, 잎의 위는 열려 있다.

■ 꽃

유채꽃 같은 노란 꽃을 피운다.

- 개화기 6월.

■ 심는시기 · 심는방법

연중 파종이 가능하며, 줄 간격 15cm, 포기 사이 15cm를 표준으로 1구에 2~3립을 파종한다. 육묘의 경우는 포트에서 본엽이 2.5~3매까지 키워 정식한다.

■ 수확기

청경채는 재배 시기에 따라서 수확 시기가 많이 차이가 난다. 봄에 파종시는 씨앗 파종 후 40~50일, 여름에는 30~35일, 가을~겨울에는 40~60일째에 수확한다.

■ 약리효과

녹즙으로 마시면 위의 기능을 도와주는 작용을 하고, 변비와 종기에도 효과가 있다. 씨는 탈모 치료제로도 쓰인다.

■ 효능

청경채는 자체의 즙이 많고, 열량이 낮아, 다이어트에 효

과적이다. 칼슘, 나트륨 등 각종 미네랄과 비타민 C나 카로틴이 풍부하여 피부미용에 효과적이고, 치아와 골격의 발육에 좋다.

■ 섭취방법

냄비에 소량의 끓는 물을 넣고, 소금과 기름을 넣은 후, 청경채를 넣고, 뚜껑을 덮어 데치는 것도 맛있지만, 요리는 주로 볶음요리를 하며, 특히 육류와 같이 요리하면 영양면에서나 맛에서 식욕을 돋운다.
담백한 맛의 채소이므로 국이나 무침 등 어떠한 요리에도 어울린다.

한국의 텃밭 작물 _ 근채류

무

Radish, 십자화과

• **원산지** 지중해 연안 등. • **생태** 1~2년초.

원산지에 대해서는 지중해 연안이라는 설, 중앙아시아와 중국이라는 설, 중앙아시아와 인도 및 서남아시아라는 설 등이 있다. 이집트의 피라미드 비문碑文에 이름이 있는 것으로 보아, 그 재배 시기는 상당히 오랜 듯하다. 중국에서는 BC 400년부터 재배되었다. 한국에서도 삼국시대부터 재배되었던 듯하나, 문헌상으로는 고려시대에 중요한 채소로 취급된 기록이 있다.

무는 크기와 색상에 따라 여러 가지의 종류로 나눠져 있고, 각각의 품종에 따라 어느 계절에나 재배할 수 있다. 동아시아에서는 아메리카나 유럽 등지에서 재배되는 무와는 달리 상대적으로 크고 흰색 빛깔을 지닌 무를 재배하는데, 이를 한국에서는 굵기와 길이에 따라 '조선무' 또는 '왜무' 라고 부른다. 한국 무는 중국을 통하여 들어온 재래종과 중국에서 일본을 거쳐 들어온 일본무 계통이 주종을 이루기 때문이다.

■ 잎

뿌리와 줄기의 경계가 뚜렷하지 않고, 뿌리잎은 긴 타원 모양의 1회 우상복엽이며, 끝에 달린 조각이 가장 크며, 털이 있다. 잎은 비타민 B_1, B_2, A, C, 철분, 칼슘을 함유하고 있다.

■ 꽃

화경은 길이 1m 정도 자란 다음에 가지를 치며, 그 밑에서 총상화서가 발달하고, 꽃은 4~5월에 피며, 연한 자주색 또는 거의 백색이고, 십+자형으로 배열되며, 소화경이 있다.

- 개화기 4월.

■ 열매

각과는 길이는 4~6cm이고, 터지지 않으며, 그 안에 적갈색의 종자가 들어 있다. 종자를 내복자萊菔子라고 한다.

■ 심는시기 · 심는방법

파종 시기는 봄무와 알타리무는 4월, 소형무는 5월, 열무는 5~7월, 가을무는 8월이다. 고랑과 이랑을 만들어 심는데, 두둑은 무와 소형무의 두둑은 30~45cm, 고랑은 30cm로 하여 심는다. 알타리무와 열무는 두둑의 길이를 90cm~120cm로 하여 3~4줄 재배한다.

■ 수확기

봄무, 소형무, 알타리무는 6월에 수확한다. 열무는 5월 파종은 6월 수확, 7월 파종은 8월에 수확이 가능하다.

■ 약리효과

무는 위의 소화 기능을 돕고, 기침을 진정시키며, 가래를 제거하는 효과가 있다. 전분을 분해하는 디아스타아제라는 효소가 함유되어 있어 소화불량에 좋다. 당뇨병으로 목이 마를 때 무를 갈아 그 즙을 마시면 좋고, 기침이 심할 때는 그 즙에 생강즙을 섞어 백탕으로 만들어 마시면 좋다.

■ 효능

무에 들어 있는 특유의 전분 분해 효소는 음식의 소화 흡수를 촉진하고, 풍부한 식물성 섬유소는 장내의 노폐물을 청소하는 역할을 한다.

■ 섭취방법

무로 만든 음식 중 김치 다음으로 가장 많이 만드는 것이 무생채, 무순, 무국 등이고, 육류나 생선으로 만드는 찜이나 찌개, 조림 등에도 빠지지 않고 들어간다.

순무 Turnip 겨자과

• **원산지** 지중해 연안 등. • **생태** 1~2년초.

원산지에 대한 학설을 기준으로 볼 때, 지중해 연안의 남부 유럽을 원산으로하는 일원설一元設, 지중해 연안과 아시아 특히, 아프가니스탄을 기원으로 하는 이원설二元設, 지중해 연안, 유럽 북쪽, 시베리아 지방을 주장하는 다원설多元論이 있다.

한국에는 중국으로부터 도래되었다. 중국에는 1700년 전에 이미 『시경』에 순무에 대한 기록이 있다.

순무는 뿌리와 잎에 많은 비타민을 함유한 채소이다. 뿌리의 크기나 모양은 품종에 따라 다르며, 모양은 대개 팽이 모양의 둥근형이다. 빛깔도 대부분 흰색이지만 겉에만 자줏빛을 띤 붉은색인 것, 속까지 자줏빛을 띤 붉은색인 것이 있다. 맛은 매콤한 듯하면서 고소하며, 겨자향의 인삼 맛이 난다.

■ 심는시기 · 심는방법

봄 · 여름에 파종하기도 하고, 가을에 파종하기도 한다. 4줄의 골을 길게 내어서 물을 흠뻑 준 다음 줄 뿌림하며, 씨를 뿌린 후에는 얇게 흙을 덮어준다. 씨가 매우 작으므로 흙을 깊게 덮지 않아도 된다.

■ 수확기

뿌리의 직경이 5cm 정도 되면 수확한다. 봄 · 여름 파종은 약 30일 후에 수확이 가능하고, 가을 파종은 60일 후에 수확이 가능하다. 수확이 늦어지면 뿌리에 '바람이 드는' 현상이 나오기 쉽다.

■ 약리효과

순무를 삶아서 먹으면 위를 따뜻하게 하고, 냉증 때문에 발생한 복통을 완화한다. 날것 그대로 갈아 만든 즙은 동상과 벌레 물린 곳에 바르면 좋고, 목이 잠겼을 때 마시면 목의 통증에 효과가 있다. 씨는 갈아서 백설탕과 섞어서 복용하면 황달, 변비, 열을 동반한 설사에 효능이 있다.

■ 효능

칼륨이 많이 들어 있으면서도 칼로리는 적어 혈압을 내리는 데 도움이 된다. 또 알칼리성인 데다 섬유질이 많아 피로 해소와 다이어트에도 효과적이다. 순무의 매운 맛을 내는 이소시아네이트Isothiocyanate와 인돌Indole은 항암 작용을 한다. 풍부한 식이섬유소는 변비예방에 효과적이다. 순무의 수분과 무기질은 이뇨작용을 돕는다.

■ 섭취방법

날것으로 먹어도 맛있지만 김치나 장아찌를 담그면 그 맛을 오래 즐길 수 있다. 순무를 납작납작 썰어 마늘, 생강, 파, 젓갈 등과 버무려 만드는 순무김치가 유명하다.

순무의 잎도 무잎과 마찬가지로 녹색채소로 먹을 수 있다. 잎에는 뿌리보다 많은 비타민 C가 함유되어 있으며, 비타민 A, 칼슘, 철분 등도 많이 함유하기 때문에 김치, 무침 등으로 활용한다.

당근 Carrot, 미나리과

• **원산지** 아프가니스탄. • **생태** 1~2년초.

많은 품종이 있지만 대별해서 동양종과 서양종으로 나뉜다. 동양종은 30~80cm로 길고 진한 적색을 띠며, 서양종은 15~20cm로 짧고 주황색을 띤다. 우리나라에서 재배되고 있는 것은 거의 서양종이다.
그리고 동양종은 향기가 강한 데 비해 서양종은 향기가

순하므로 날것으로 먹기 쉽다. 이 같은 이유에서 최근에는 서양종이 주로 재배되게 되었지만, 요리에는 역시 동양종이 상용되고 있다.

당근은 카로틴이 풍부하고 비타민 A 함유량도 높다.

■ 잎

잎은 3회 우상복엽이고 털이 있으며 근생엽은 엽병이 길다.

■ 꽃

꽃은 백색이며 원줄기 끝과 가지 끝의 큰 산형화서에 달리고, 총포는 뒤로 젖혀지고 깊게 갈라진다.

- 개화기 7월.

■ 열매

열매는 분과로 긴 타원형이고, 가시 같은 털이 있으며, 익으면 잎은 말라버린다.

■ 심는시기 · 심는방법

3~5월에, 이랑을 만들기 전에 밑거름과 비료를 넣고, 이랑을 100cm, 고랑을 30~40cm로 만들어 포기 사이를 15cm 간격으로 파종한다.

■ 수확기

수확기가 늦으면 뿌리 표면이 거칠어지므로 조생종서양종은 파종 후 70~80일에, 중생종동양종은 90~100일에 수확한다.

■ 약리효과

시력 저하, 피로회복, 심장박동의 증가, 숨이 찬 증상, 변비, 설사, 어깨 결림, 요통, 빈혈, 당뇨병, 식욕부진 등에 좋다.

■ 효능

당근의 카로틴이 우리 몸 안으로 들어가면 비타민 A로 변한다. 비타민 A는 시력을 보호하고 야맹증을 예방, 개선한다.

■ 섭취방법

야채 주스로 음용하면 당근에 함유되어 있는 카로틴과 비타민 성분을 고스라니 받아들일 수 있다. 날것으로 샐러드에 이용하기도 하고, 볶음 요리로도 활용한다.

우엉 Burdock, 국화과

• **원산지** 중국. • **생태** 2년초.

뿌리가 긴 것과 짧은 것이 있고, 긴 것으로는 농야천, 짧은 것으로는 태포, 굴천 등의 품종이 있다. 우엉은 강건하여 병이 거의 없고, 내한성이 매우 강하여, 토질을 별로 가리지 않는다.

뿌리를 식용하기 위하여 재배하는데, 뿌리의 주성분은

탄수화물, 이눌린Inulin과 셀룰로오스Cellulose 등의 섬유질이기 때문에 장의 건강에 좋다.

■ 잎

근생엽은 총생하며 엽병이 길고 심장형으로서 표면은 짙은 녹색이며 뒷면은 백색 털이 밀생하여 흰빛이 돌고 가장자리에 치아상의 톱니가 있다.

■ 꽃

두화는 원줄기와 가지 끝에 산방상으로 달리고 총포는 구형球形이며, 포편은 침형이고 끝이 갈고리모양이다.

- 개화기 7월.

■ 열매

씨는 한방에서 우방자牛蒡子라 하여 이뇨제 따위로 쓰인다.

■ 심는시기 · 심는방법

3월 상순~5월 중순에 파종한다. 품질이 좋은 우엉을 생산하기 위해서는 경토를 최소한 50cm 이상 깊게 갈아야 한다. 특히 점질토에서는 경토가 얕고 물빠짐이 나쁜 경우가 있으므로 깊이 갈아준다. 심는 거리는 이랑 너비 60cm, 포기 사이 18cm가 표준이다.

■ 수확기

8월 상순~10월 중순에 수확한다. 땅을 깊게 간 경우 15~30cm 정도 파면 빼낼 수 있다. 수확한 우엉은 거적으로 덮어 건조를 막아주어야 한다. 수확한 우엉은 저장하여 가을~겨울에 걸쳐 수시로 이용할 수 있다. 저장온도는 0℃이하로 내려가지 않도록 해야 한다.

약리효과

식물성 섬유질이 풍부하여 변비에 좋다. 또 장 안의 당분 흡수 속도를 늦추는 작용을 함으로 당뇨병이 있는 사람의 혈당 급상승을 예방하는 효능도 있다. 씨는 이뇨, 해독, 해열의 효과가 있다.

효능

당질의 일종인 이눌린이 풍부해 신장기능을 높여주고, 풍부한 섬유소질이 배변을 촉진하여, 다이어트에 효과적이다.

섭취방법

우엉은 아삭아삭한 질감이 있어 조림, 찜, 샐러드, 무침, 튀김 등에 이용하고, 찌개에 첨가하면 독특한 맛을 내기도 한다.

감자 Potato, 가지과

• **원산지** 안데스지방. • **생태** 다년초.

감자는 마령서馬鈴薯 · 하지감자 · 북감저北甘藷라고도 한다. 페루 · 칠레 등의 안데스 산맥 원산으로 온대지방에서 널리 재배한다. 땅속에 있는 줄기마디로부터 기는 줄기가 나와 그 끝이 비대해져 덩이줄기를 형성한다. 덩이줄기에는 오목하게 팬 눈 자국이 나 있고, 그 자국에서는 작고 어린 싹이 돋아난다.

잎

잎은 호생하고 엽병이 길며 1회 우상복엽이고 소엽은 5~9개이며 난형 또는 타원형이고 가장자리가 밋밋하며 소엽 사이에 작은 엽편이 있다.

꽃

꽃은 백색 또는 자주색으로서 윗부분의 엽액에서 자란 화경에 달리며 꽃받침은 5개로 갈라지고 화관은 얕은 잔 모양이며 가장자리가 얕게 5개로 갈라진다.

- 개화기 6월.

열매

열매는 장과로 지름 1~2cm이고 둥근모양이며 짙은 녹색이고 황록색으로 익는다.

■ 심는시기 · 심는방법

3~4월에 파종한다. 감자밭은 파종하기 1주일 전이나 당일에 땅고르기를 하고 이랑을 만들어 놓는다.

① 직파재배: 감자 파종은 이랑 폭은 60~75cm로 하고, 고랑은 40~50cm로 하며, 포기 너비를 20~30cm로 심는다.

② 싹틔움 재배: 감자싹의 길이가 3~5cm 정도 되었을 때 이랑 폭은 60~75cm로 하고, 놓는 폭은 40~50cm로 하여 심는다.

■ 수확기

감자는 비가 오거나 토양이 습할 때 수확을 하면 부패를 가져오므로 토양이 건조한 날을 선택하여 지상부를 제거한 후 괭이나 호미를 이용해 수확한다. 보통 파종 후 100일 이후에는 수량은 증대하나 품질이 떨어지므로 파종 후 100일을 전후하여 수확하는 것이 좋다.

■약리효과

생감자를 갈아 화상부위에 쓰면 효능이 좋은 습포약이 되고, 생즙으로 마시면 통제가 안될 정도로 설사를 하며 장을 깨끗이 청소한다. 생즙으로 음용할 때는 씨눈을 제거한다.

■효능

감자는 우수한 탄수화물을 보유한 식품으로 소화가 잘 되며, 조금 먹어도 포만감을 느낄 수 있어 다이어트식단으로는 적격이다. 위장의 염증을 억제하는 작용을 한다.

■섭취방법

삶아서 주식 또는 간식으로 하고, 굽거나 기름에 튀겨 먹기도 한다. 볶음, 전, 탕, 국, 범벅, 서양요리 등 모든 요리에 다방면으로 쓰인다. 소주의 원료와 알코올의 원료로 사용되고, 감자 녹말은 당면 등의 원료로도 이용한다.

덩이줄기의 싹이 돋는 부분은 알칼로이드의 일종인 솔라닌Solanine이 들어 있다. 이것에 독성이 있으므로 싹이 나거나 빛이 푸르게 변한 감자는 많이 먹지 않도록 주의해야 한다.

고구마 Sweet potato, 메꽃과

• **원산지** 멕시코, 남아메리카 북부. • **생태** 다년초.

고구마의 어원은 쓰시마섬의 '코코이모'에서 유래하였다고 한다. 식용으로 사용하는 부분은 뿌리로, 보통 가는뿌리, 굳은뿌리, 덩이뿌리로 구분되며 가는뿌리는 비대하지 않는 뿌리이고, 굳은뿌리는 약간 굵어지기는 하나 더 이상 자라지 못하며, 덩이뿌리는 정상적으로 굵어져서 고구마가 되는 뿌리이다.

한국 전역에서 널리 재배한다. 길이 약 3m의 줄기는 길게 땅바닥을 따라 번으면서 뿌리를 내린다. 호박고구마, 밤고구마, 물고구마 등으로 불리는 품종이 다양하다.

■ 잎

잎은 호생하며, 엽병이 길고, 밑은 얕은 심장모양이다.

■ 꽃

건조한 모래땅에서 재배한 것은 때로 7~8월에 홍자색 꽃이 피며, 엽액에서 긴 화경이 나와 그 끝에 5~6송이씩 달리고, 나팔꽃과 비슷하지만 작다. • 개화기 7월.

■ 심는시기 · 심는방법

3월 하순조기재배~6월 중순만기재배으로 재배 가능하다. 저온 피해나 건조 피해의 우려가 없을 때 비닐 피복 후, 조기 재배시 이랑 간격 75cm, 포기 간격 20cm로 한다. 적기 및 만기 재배시에는 이랑 간격 75cm, 포기 간격 25cm으로 줄기를 모종한다. 토양은 3~5° 정도의 비탈이 지고, 물빠짐이 잘되어 토양통기가 양호한 사질양토가 적당하다.

■ 수확기

줄기를 심은 후 110~120일 정도에 수확하는 것이 가장 좋다. 덩굴을 제거하고 덩이를 깨내는데, 고구마껍질에 상처가 나지 않도록 주의한다.

■ 효능

고구마는 전분이 풍부하고, 이 외에도 식물섬유를 풍부하게 함유하며, 비타민 C가 많이 함유되어 있다. 쪄먹고, 구워먹고, 삶아먹을 수 있으며 변비에 좋다.

■ 섭취방법

고구마는 껍질을 깎자마자 물에 담가 떫은맛을 제거하고 사용하는 것이 좋다. 보통 찜, 구이, 튀김 등에 이용된다.

한국의 텃밭 작물 _ 조미류

고추 Chili, 가지과

• 원산지 아메리카. • 생태 1년초.

원산지는 아메리카이며, 신대륙 발견 이후 전 세계에 퍼졌다. 우리나라에는 400여 년 전 임진왜란을 전후하여 중국 또는 일본으로부터 도입되어 한국인의 식생활에 커다란 영향을 주었다.

고온성 작물로서 발육에 알맞은 온도는 25℃ 정도이다.

비옥하고 물이 잘 빠지는 곳에서 잘 자란다. 일반적으로는 말린 고추와 풋고추용의 2가지로 나누지만, 한국의 고추 종류는 약 100여 종에 이르며, 산지의 이름을 따서 영양 · 천안 · 음성 · 청양 · 임실 · 제천 고추 등으로 부른다. 그 외에 사자 · 라지벨 · 피멘토 등의 피망 고추가 있다.

민간에서는 장을 담근 뒤 독 속에 붉은 고추를 집어넣거나 아들을 낳으면 왼새끼 줄에 붉은 고추와 숯을 걸어 악귀를 쫓았다. 말린 고추를 쌀통에 넣어두면 쌀벌레를 제거하는 효과도 있다.

잎

잎은 호생하며, 엽병이 길고, 난상 피침형이며, 양끝이 좁고, 가장자리가 밋밋하다.

꽃

꽃은 여름철에 피며, 백색이고, 꽃받침은 녹색이고, 끝이 짧게 5조각으로 갈라지며, 화관은 얕은 접시모양이다.

- 개화기 6~7월.

■ 열매

열매는 장과로서 수분이 적고 길이 5cm 정도이지만 품종에 따라 보다 큰 것도 있으며 적색으로 익는다.
열매를 번초蕃椒라고도 한다.

■ 심는시기 · 심는방법

2월 중순경에 모종을 준비하고, 아주심기 2주일 전에 퇴비, 석회, 계분 등의 밑거름 비료를 밭 전체에 골고루 뿌려준 다음 갈아엎어 두둑 폭을 90~100cm 정도가 되게 한다. 토양은 깊이 약 21cm까지 잘 갈아주며, 뿌리가 넓게 뻗으므로 가능하면 갈아주기를 깊게 하는 것이 좋다.
심을 때 너무 깊게 심지 말고 모종의 뿌리 윗부분 흙이 보일 정도로 심고, 심은 후 다시 물을 충분히 준다.
비와 바람의 피해를 막기 위하여 120~150cm의 대나무나 각목 등을 모종 옆에 꽂아 식물체를 끈으로 잡아 매어준다.

■ 수확기

풋고추는 개화 후, 15일이면 수확이 가능하며 붉은 고추는 꽃핀 후 45~50일 정도 지나야 수확이 가능하다. 붉은 고추는 과실 표면이 주름이 잡힐 때 매운맛이 강해 수확 적기이다.

■ 약리효과

매운 맛 성분인 캅사이신Capsaicin을 함유하여, 식용 증진 효과가 있고, 혈액순환을 도우며, 몸을 따뜻하게 한다. 신경통, 요통 등 온감습포 약에도 배합한다.

■ 효능

고추에 함유되어 있는 캡사이신은 위액분비를 촉진하고 단백질의 소화를 돕는다.

■ 섭취방법

고추는 풋고추, 향신료, 장아찌나 김치 등을 만들 때 활용한다. 잎에서도 매운 맛이 나 요리에 이용한다.

마늘 Garlic, 부추과

• **원산지** 아시아 서부. • **생태** 다년초.

마늘은 고추와 더불어 우리나라 주요 먹을거리에는 빠지지 않고 들어가는 필수 음식 재료이다. 한국인의 식탁에서 빠지지 않는 김치는 물론, 각종 고기 요리를 만들 때에도 마늘이 빠지면 제 맛이 안 난다.
세계 10대 건강식품에 뽑힐 만큼 최고의 건강식품이다.

■ 잎

화경花莖에서 3~4개의 잎이 호생하며 긴 피침형이고 잎 밑부분은 통모양의 엽초로 되어 서로 감싼다.

■ 꽃

꽃은 흰 자줏빛이 돌고 꽃 사이에 많은 무성아가 달리며 화피열편은 6개로서 타원상 피침형이고 바깥쪽의 것이 보다 크다. • 개화기 7월.

■ 심는시기 · 심는방법

마늘은 월동 작물이며, 뿌리가 곧고 길게 자라므로 깊게 흙갈이를 해야 한다. 재식 밀도가 지나치게 베면 웃자라게 되며, 구의 비대가 좋지 않다. 인편의 발근부가 밑으로 되도록 하고, 심는 깊이는 인편 길이의 2배 정도인 4~5cm 가량 복토한다.

■ 수확기

잎과 줄기가 2/3~1/2 황색으로 변할 때, 맑은 날 수확한다. 수확이 늦으면 마늘 저장성이 떨어진다.

■ 약리효과

마늘 특유의 냄새는 아리신Allicin이라는 성분 때문에 발생하는데, 아리신은 항균작용을 하므로 식중독을 예방한다. 내장을 따뜻하게 하고, 대사를 활발하게 도우며, 감기 회복, 피로 회복, 자양 강장, 허약 체질 개선, 고혈압과 동맥경화 예방 등의 효능이 있다.

■ 섭취방법

생으로 먹거나 구워 먹기도 한다. 각종 요리에 중요한 재료로 빠지지 않는다.

파 Spring onion, 부추과

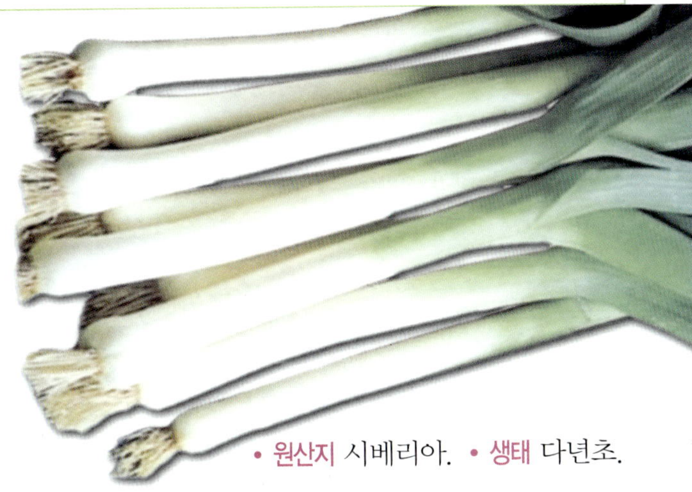

• **원산지** 시베리아. • **생태** 다년초.

동양에서는 옛날부터 중요한 채소로 재배하고 있으나 서양에서는 거의 재배하지 않는다. 품종은 대체로 3개의 생태형, 즉 한지형의 줄기파여름파, 난지형의 잎파겨울파, 중간형의 겸용파로 나눈다. 한지형은 추위에 강하며, 식물체가 크고, 잎집부주로 땅속에 있어 흰색을 띠는 부분가 길다.

난지형은 더위에 강하고, 식물체가 가늘고 길며, 잎집부가 짧아 잎파로 재배한다.
중간형은 양자의 중간형으로서 겸용파로 재배한다. 추위와 더위에 강하며, 추운 지방에서는 봄에 종자를 뿌려서 여름에 생육하여 가을부터 초겨울에 수확하고, 더운 지방에서는 가을에 종자를 뿌려서 겨울에 생육하여 이듬해 봄에 수확하는데, 일반적으로는 늦가을 또는 초봄에 파종하여 가을부터 겨울에 걸쳐 수확한다.

■ 잎

잎은 관상管狀이고 끝이 뾰족하고 속이 비었다. 밑부분은 엽초로 되어, 서로 겹쳐서 하나가 되며, 녹색 바탕에 약간 흰빛이 돌며, 점성이 있다.

■ 꽃

꽃은 원주형의 화경花莖 끝에 백록색의 둥근 산형화서가 달린다. • 개화기 6~7월.

■ 심는시기 · 심는방법

2~3월에 파종하고, 6~7월에 정식하여, 11월부터 이듬해 3월까지 수확한다.

북돋우기 작업은 파가 쓰러지지 않도록 하며, 파의 아랫부분이 백색이 되는 부분이 길게 할 목적으로 하는데, 북돋우는 높이는 잎이 갈라지는 부분까지 흙을 올려 준다.

■ 수확기

파 수확은 생육 정도, 연백상태 등을 보아 수확한다. 수확할 때에는 북돋우기 한 흙을 제거하고, 한 포기씩 뽑아 잘 털고, 마른 잎을 제거한다.

■ 약리효과

소화액 분비를 촉진하고, 식욕증진의 효과가 있다. 한방에서는 파의 흰색 부분을 총백蔥白이라고 하며 약으로 쓴다. 발한, 건위, 가래를 없애는 작용을 한다.

몸을 따뜻하게 하고, 감기와 설사에 좋다.

■ 효능

파에는 칼슘 · 염분 · 비타민 등이 많이 들어 있고 특이한 향취가 있어서 생식하거나 요리에 널리 쓴다.

■ 섭취방법

향신료나 조미료에 많이 넣는다. 양념이나 국, 탕 등에 사용되며 전 등의 부재료로 이용된다.

쪽파 Shallot, 부추과

• **원산지** 교잡종. • **생태** 다년초.

파와 분구형 양파의 교잡종 재배식물로, 잎을 채소로 이용한다. 중국에서는 기원전부터 재배되었고, 우리나라에 파가 들어온 연대는 정확하지 않으나 고려시대 문헌인 『향약구급방』에 파가 약재로 나오는 것을 보면, 고려시대 이전에 도입된 것으로 추정된다.

중국과 한국, 일본 등을 포함한 동남아시아 지역에 분포한다. 재배하기 쉬워 우리나라에서는 예부터 일반 농가에서 널리 재배되어 왔다.

뿌리로 번식하기 때문에 따로 모판을 만들지 않아도 된다. 가을과 봄에 왕성하게 자라고, 봄에 인경을 형성한다. 인경은 땅 속의 짧은 줄기의 둘레에 양분을 저장하여 두꺼워진 잎이 많이 붙어서 둥근 공 모양을 이룬 것을 가리킨다.

■ 심는시기 · 심는방법

9~10월에 종자를 직파해서 이듬해 봄부터 수확한다.

■ 수확기

보통 조기 수확된 것은 김장용으로 쓰이고, 대파의 단종기인 2~4월에 수확된 것은 대파의 대용으로 쓰인다.

■ 약리효과

영양 성분은 철분, 비타민 A와 C 등이 풍부하다. 파나 마늘과 같은 독특한 향기가 살균력을 지니고 있어 건위제나 강장제, 이뇨제로도 이용된다. 또 고지혈증과 고혈압을 억제하고, 각종 암과 뇌혈관계 질환 등 성인병을 예방하는 항산화 활성 성분이 다량 함유되어 있는 것으로 알려져 있다.

■ 섭취방법

쪽파는 오래 끓이는 국물 요리 이외의 모든 요리에 밑양념으로 사용될 만큼 쓰임새가 많다. 쪽파를 이용한 요리로는 파전, 고춧가루와 젓국만 넣어서 만드는 파김치, 데쳐서 댕기처럼 묶어 초고추장에 찍어 먹는 파강회, 달인 간장에 담가 먹는 쪽파장아찌 등이 있다.

한국의 텃밭 작물 _ 과채류

오이 Cucumber, 박과

• **원산지** 인도 지역. • **생태** 1년초.

오이는 찬 성질을 갖고 있으며, 수분과 비타민이 풍부하여 여름철 더위를 이기는 청량식품으로 매우 좋다. 오이를 반으로 갈라 그늘에 잘 말린 후 물에 넣고 끓이면 '오이차'가 되는데, 이것을 마시면 온몸이 푸석푸석 부어오르는 증세를 가라앉히는 효과가 있다.

오이는 숙취해소에도 그만이다. 숙취에 오이를 이용한 것은 서양에서도 마찬가지다. 푸슈킨의 소설 「대위의 딸」을 보면 '오이즙에 꿀을 타서 마시는 것이 숙취를 풀어주는 데 최고'라는 구절이 나온다. 술을 많이 마시면 체내의 칼륨이 빠져나가므로 칼륨, 철분 등이 풍부한 오이로 공급하는 것이다.

하지만 오이는 찬 성질이 강하므로 손발이 냉한 사람, 눈이 안쪽으로 쑥 들어간 사람, 피부색이 유난히 흰 사람은 너무 많이 섭취하지 않도록 조심한다.

원산지는 인도 서북부에서 네팔에 이르기까지의 지역이고, 유럽에는 9세기 이후, 신대륙에는 16세기에 전파하였다. 한편 중국에는 기원전 2세기경에 실크로드와 미얀마, 운남을 경유로 전파하였고, 전자는 화북형, 후자는 화남형의 근원이 되었다.

우리나라로는 10세기에 화북형 등이 전래하였다. 현재 우리나라에서 재배되는 오이 품종은 품질이 좋은 백사마귀 오이에 화남형, 화북형, 중간형 등을 다원적으로 교잡하여 완성된 것이다.

■ 잎

잎은 호생이고 엽병이 길며, 길이 8～15cm로서 장상으로 얕게 갈라지고 열편은 끝이 뾰족하며 가장자리에 톱니가 있고 질감은 거칠다.

■ 꽃

꽃은 황색이고 화관은 5개로 갈라지며, 주름이 지고, 지름 3cm 정도의 짧은 대가 있다.

- 개화기 5～6월.

■ 심는시기 · 심는방법

4월 중순~4월 하순에, 한 두둑에 두 줄을 심을 경우에는 이랑 간격은 160~200cm두둑 120cm, 포기 사이는 40~50cm 정도가 적당하고, 한 줄로 심을 경우에는 두둑 60cm로 하여 심는다. 너무 밀식하면 아래 잎이 햇빛을 충분히 받지 못하므로 일조량이 떨어져 암꽃이 빈약해지고, 기형과가 많이 생기므로 주의한다.

■ 수확기

수확에 알맞은 크기는 무게 20~160g 내외, 과실의 길이

는 20~25cm 정도이다. 일반적으로 개화로부터 수확까지의 소요 일수는 고온기는 7~10일, 저온기는 12~20일이 걸리는데, 오이 품종과 재배 시기에 따라 차이가 있다. 고온기에는 아침 일찍 수확하거나 해질 무렵 서늘한 때에 하는 것이 좋다. 수확은 가능하면 하루에 한 번씩 적당한 크기의 오이를 수확하는 것이 좋다.

■ 약리효과

오이는 수분이 많고, 이뇨 효과가 큰 이소크엘시트린이라는 성분이 있어 부기를 빼는 효과가 있다.

■ 효능

체내의 열을 빼는 효과가 있다. 화상과 햇볕에 그을린 피부에 얇게 썬 오이를 붙이거나, 간 것을 붙이면 효과가 있다. 목의 갈증을 해소하는 효능도 있으므로 등산을 갈 때 물 대신 가져가는 것도 좋다.

■ 섭취방법

생식을 하거나 샐러드나 볶음 등에 이용하고, 절임하여 김치류나 피클류로 사용한다.

호박 Pumpkin, 박과

• **원산지** 아메리카. • **생태** 1년초.

호박은 1년생 초본으로, 덩굴이 길게 자란다. 자웅동주이고, 보통 760g 정도부터 8kg 이상의 대형 과일까지 열린다. 한국에서 재배하는 호박은 중앙아메리카 또는 멕시코 남부의 열대 아메리카 원산의 동양계 호박, 남아메리카 원산의 서양계 호박, 멕시코 북부와 북아메리카 원산의 페포계 호박의 3종이다.

이 중 동양계 호박은 예로부터 애호박 · 호박고지용 · 호박범벅 등으로 이용되었다. 그 후 쪄먹는 호박 또는 '밤호박' 으로 불리며 주로 쪄서 이용하는 서양계 호박 등이 도입되었다.

동양계 호박은 삼국시대 이후 통일신라시대에 이미 재배되었다는 사실이 남아 있고, 숙과와 청과를 겸용하는 것이 많다. 또 동양계 호박은 과실이 크고, 익으면 껍질이 황색이 된다. 육질은 점질이지만 익기 전부터 맛이 좋아 애호박으로 많이 이용된다.

■ 잎

잎은 호생하고 엽병이 길며 심장형 또는 신장형이고 가장자리가 5개로 얕게 갈라지며 열편에 아주 작은 톱니가 있다.

■ 꽃

꽃은 6월부터 서리가 내릴 때까지 계속 피고, 황색이며, 엽액에 1개씩 달리고, 수꽃은 화경花梗이 길며, 꽃받침통이 얕고, 열편의 기부가 화관에 붙어 있으며, 암꽃은 화경이 짧고, 밑부분에 긴 자방이 있으며, 꽃받침열편이 다소 잎같이 된다.

- 개화기 6월.

■ 심는시기 · 심는방법

3월 하순에 온상에서 육묘하여, 서리의 위험이 없는 노지 재배를 위해서는 남부지방은 5월 상순, 중부지방은 5월 중순 정도에 정식하는 재배형을 택해야 하므로, 3월 하순에서 4월 상순 사이에 파종하여 온상육묘한다. 정식 시기는 발아 후 50~55일, 본엽이 5매 정도일 때가 적당하다.

■ 수확기

수확시기는 품종, 기후 및 소비자의 기호에 따라 차이가 있으나 일반적으로 애호박, 풋호박은 개화 후 7~10일이면 수확이 가능하다. 줄기에 붙어 있는 꼭지 부분을 가위로 잘라 수확한다.

■ 약리효과

과육에는 카로틴이 풍부하게 함유되어 있으며, 고혈압 예방, 암 예방에 효과가 있다. 예부터 씨를 구워 먹거나 말린 것을 달여 마시면 이뇨, 해독 그리고 회충약의 효능이 있다.

■ 효능

호박은 칼로리가 낮아 비만인 사람에게 적합하다. 특히 항암효과에 뛰어난 알파카로틴Alpha-carotene이 다량 함유되어 있으며, 단백질과 식이섬유소가 많아서 당뇨나 다이어트에 좋다.

■ 섭취방법

호박의 주성분은 녹말이다. 날것으로 먹으면 비타민 C를 파괴하는 아스코르비나아제가 들어 있으므로 반드시 가열해서 먹는다. 가장 효과적인 방법은 기름에 볶아 먹는 것인데, 이는 카로틴의 흡수를 좋게 한다.
호박잎과 호박순도 쪄서 먹으면 좋은 요리가 된다. 호박잎은 찌기 전에 질긴 껍질을 살짝 벗겨낸다.

• 동양계 호박 _ 조선호박

• 서양계 호박 _ 단호박

• 페포계 호박 _ 주키니

가지 Eggplant 가지과

• **원산지** 인도. • **생태** 1년초.

인도 원산이며, 열대에서 온대에 걸쳐 재배한다. 동아시아에는 5~6세기에 전파되었다. 중국 송나라의 『본초연의本草衍義』에 '신라에 일종의 가지가 나는데, 모양이 달걀 비슷하고 엷은 자색에 광택이 나며, 꼭지가 길고 맛이 단데 지금 중국에 널리 퍼졌다' 라는 기록되어 있는 것으로 보아 한국에서는 신라시대부터 재배되었음을 알 수 있다. 가지는 토양적응성이 커서 대부분의 토양에서 잘 자란다. 열매는 원통형으로 긴 장가지형, 긴 달걀모양의 장란형, 동그란 모양의 구형 등이 있으며, 크기도 다양하고 색상도 흑자색, 연보라색, 주황색 등 여러 가지가 있다.

■ 잎

잎은 호생하며 긴 엽병이 있고 난상 타원형으로 길이 15~35cm 정도이며 끝이 뾰족하거나 둔하고 가장자리가 거의 밋밋하지만 다소 파상으로 되며, 좌우가 같지 않다.

■ 꽃

자주색이며 마디 사이의 중앙에서 화경이 나와 소수의 꽃이 달린다.

- 개화기 6~9월.

■ 심는시기 · 심는방법

가지는 보통 두 달 정도 묘를 길러 본밭에 심게 되고, 텃밭은 마지막 서리가 내리는 시기가 지나야 하므로 4월 하순에서 5월 상순에 본밭에 심는 것을 대비하여 2월 하순경에 씨를 뿌린다.

■ 수확기

과실 수확은 개화 후 20~35일 전후에 한다. 4월 하순~5월 상순에 심게 되면 6월 하순~7월 상순에 수확이 가능하고, 보통 서리 내리기 전까지 꾸준히 딸 수 있다.

■ 약리효과

꼭지와 껍질을 검게 태워 치통과 구내염이 있는 부분에 바르면 효과가 있다. 반면, 성대를 거칠게 하고 목소리를 나쁘게 하므로 기침을 할 때에는 안 먹는 것이 좋다.

■ 효능

가지의 안토시아닌 색소는 항암 효과가 있는 것으로 알려져 있다.

■ 섭취방법

부드러운 식감으로 반찬으로 많이 애용되는 채소다. 절임, 구이, 볶음, 조림으로 이용하며, 튀김으로 요리하면 가지의 스펀지 같은 조직 내로 기름이 흡수되어 칼로리 공급이 용이하게 된다.

토마토 Tomato, 가지과

• **원산지** 남아메리카. • **생태** 1년초.

원산지는 남아메리카의 안데스산맥으로 식용으로서 재배되는 토마토는 19세기가 되어 유럽으로 급속히 확산되었다. 방울토마토 또는 체리토마토는 잎이나 열매 등 거의 모든 부분에서 토마토와 비슷하나 열매가 보통 2~3cm이며 구형을 띤다. 조그마한 방울과 같다 하여 방울토마토라고 불린다. 토마토보다 당도가 좀 더 높으며, 토마토와 같이 숙성채소이다. 토마토보다 먹기에 더 간편하고, 달아서 간식이나 후식용으로 사람들이 즐겨 먹는다.

여름에 노란 꽃이 피고, 열매가 열려 익으면 붉은데, 비타민이 많아 널리 식용한다. 토마토의 특유한 향기는 알데히드, 케톤, 알코올류 등이 혼합된 것이다.

■ 잎

잎은 호생하고 우상복엽으로서 길이 15~45cm이다. 모양은 난형 또는 긴 타원형이며, 끝이 뾰족하고, 독특한 냄새가 난다.

■ 꽃

꽃은 한 꽃이삭에 몇 송이씩 달리는데, 마디 사이의 중앙에서 화경이 나와 황색 꽃이 달리고, 소화경의 기부에 관절이 있어, 그 속에서 꽃이 떨어진다. • 개화기 5~8월.

■ 심는시기 · 심는방법

봄에, 물 빠짐이 좋은 땅에는 한 두둑에 2줄 재배하고, 물 빠짐이 안 좋은 땅은 한 두둑에 1줄 재배한다. 토양은 깊이 약 20cm까지 잘 갈아엎어주며, 뿌리가 넓게 뻗으므로 가능하면 밭갈이를 깊게 하는 것이 좋다.

■ 수확기

꽃이 피고 50~60일 후면 수확이 가능하며, 과실의 색이 80~90% 정도 붉어졌을 때 수확한다.

■ 약리효과

토마토는 95%가 수분이다. 목에 갈증이 날 때 목 안을 촉촉하게 하고, 혈압을 내리는 작용이 있다. 고혈압, 당뇨병에도 좋다.

■ 섭취방법

토마토는 주로 생식을 하지만 주스로 가공되기도 하고, 토마토케첩, 토마토퓌레 등으로 가공되어 서양요리의 재료로 쓰인다.

• 방울토마토

동아 Wax gourd, 박과

• **원산지** 인도. • **생태** 1년초.

아시아 열대와 중국에서 오랫동안 재배해 온 식물이다. 동아冬芽란 겨울에 숙성되는 외라는 뜻이다. 일반적으로 1~3월에 심는데, 10월에 파종하면 봄에 심는 것보다 열매가 더욱 크고 좋다고 한다.

서리가 내린 후에는 껍질이 밀가루를 바른 듯이 하얗게 되고, 씨앗도 흰색이 되어 백동과白冬瓜라고 했으며, 씨앗은 백과자白瓜子라고 하였다.

열매는 원형에서 타원형이고 품종에 따라 다른데, 큰 것은 지름 30cm, 길이 60~90cm, 무게 7.5~10kg에 달한다. 과육은 흰색이며 즙이 많다.

■ 잎

잎은 어긋나고 원형이며 5~7개로 얕게 갈라지고 잔 톱니가 있다.

■ 꽃

꽃은 여름에 피고, 황색이며, 화관은 5개로 갈라진다.

• 개화기 6~7월.

■ 심는시기 · 심는방법

일반적으로 1~3월에나, 10월에 1개월가량 육묘된 모종을 고깔을 씌워 심는데, 소형 터널을 만들어 양쪽에서 포기 간격 2m로 심는다. 가급적 얕게 심는 것이 좋다.

■ 수확기

어린 동아를 수확하는 경우에는 개화한 지 10일경에 수확하고, 익은 동아를 수확할 경우에는 개화 후 20~25일경에 수확한다.

■약리효과

이뇨 작용이 뛰어나고 열을 식히는 효과가 있다. 물살이 쪄서 체중을 빼고 싶은 사람은 동아를 장기간 먹으면 살이 빠진다. 생즙을 짜 마시면 일사병이나 발열, 당뇨병이 야기하는 목의 갈증을 없앤다. 삶아 먹으면 방광염과 신장염 등 이뇨를 촉진하는 효과가 있다.

■ 효능

수종으로 몸이 붓고 소변이 나오지 않을 때, 급만성 신장염으로 인한 부종을 치료하는 효능이 있다.

■ 섭취방법

소화성이 좋은 식품이어서 술안주, 김치, 죽 등의 음식으로 하여 먹으며, 삶아서 먹기도 한다.

싱거운 간으로 맛을 내는 것이 어울리므로 산뜻하게 맛을 내는 것이 비결이다.

수박 Watermelon, 박과

• **원산지** 아프리카. • **생태** 1년초.

여름을 대표하는 과일답게 열을 식히고 더위를 잊게 하는 과일이다. 과육의 90%가 수분이며, 즙에는 이뇨작용을 하는 성분이 있다. 아이들이 자기 전에 수박을 먹으면 잠자다 오줌을 쌀 가능성이 크다.

아프리카 원산으로 고대 이집트 시대부터 재배되었다고 하며, 각지에 분포된 것은 약 500년 전이라고 한다. 한국에는 조선시대 『연산군일기』에 수박의 재배에 대한 기록이 나타나는 것으로 보아 그 이전에 들어온 것이 분명하다. 오늘날에는 일반재배는 물론 시설원예를 통한 연중재배가 이루어지고 있으며, 씨 없는 수박도 생산되고 있다.

■잎

잎은 엽병이 있고, 난형 또는 난상 장타원형이며, 길이 10~18cm로서 녹백색이고, 불규칙한 톱니가 있다.

■꽃

꽃은 연한 황색이고 화관은 지름 3.5cm 정도로서 꽃받침과 더불어 5개씩 갈라지며, 수꽃은 3개의 수술이 있고, 암꽃은 1개의 암술이 있으며, 암술머리가 3개로 갈라진다.

• 개화기 5~6월.

■심는시기 · 심는방법

노지에 심을 경우, 4월 하순에 90cm 간격으로 심는다. 가능한 모종을 얕게 심는 것이 좋다.

■수확기

노지에 심었을 경우, 7월에 수확한다.

■약리효과

부기와 갈증, 숙취 해소에 효과가 있다. 수박 즙을 짜서

달인 다음 사탕 상태로 농축한 것을 '수박당' 이라고 하는데, 이것은 이뇨작용이 강해 신장염에 효과가 좋다. '수박당' 은 냉장고에서 보존하면 1년 내내 약으로 쓸 수 있다.

■ 섭취방법

수박은 수분이 많아 그냥 먹어도 시원하지만 더 시원하게 먹으려면 냉장 보관이 좋다. 남은 수박은 랩으로 싸거나 밀폐용기에 담아 보관하고, 자른 수박은 밑에 접시 등으로 받치고 담아야 아래 수박이 무르지 않는다.

과육 그대로 생으로 먹거나 주스로 갈아 마시기도 하며, 먹기 좋은 크기로 썰어 수박화채로 먹기도 한다.

씨도 먹을 수 있는데, 간식용으로 판매하고 있는 것들은 대개 중국산이며 가공품이 수입되고 있다.

참외 Oriental melon, 박과

• **원산지** 인도. • **생태** 1년초.

원산지는 인도 지역으로 전파된 지역에 따라 동양계 참외와 서양계 멜론으로 분리되어 발달되었다. 우리나라에는 삼국시대에 만주를 거쳐 들어온 것으로 여겨진다. 박과에 속하는 1년생 덩굴식물로 줄기는 털이 있고 여름에 노란 꽃이 자웅으로 피며 열매는 원주상 타원형이다. 동양계 참외는 외피가 백색 내지 황색이고 과육이 백색인 것이 대부분이다.

참외는 1950년대까지는 성환참외 · 강서참외 · 감참외 등 재래종들이 재배되었다. 60년대부터 은천참외로 점차 바뀌어 오늘날에는 은천참외를 대부분 재배하고 있다. 은천참외는 단맛이 강하고 육질도 매우 좋다.

■ 잎

덩굴손이 있고, 잎은 호생하며, 엽병은 길고, 장상으로 얕게 갈라지며, 가장자리에 톱니가 있다.

■ 꽃

꽃은 단성화이고, 화관은 5개로 갈라지며, 황색이고, 암꽃에 하위자방이 있다. • 개화기 6~7월.

■ 심는시기 · 심는방법

땅 온도가 최저 15℃ 이상 되어야 활착이 양호하며, 바람이 없는 맑은 날을 택해 심는다. 아주심기 전, 심을 구덩이를 파고 물을 듬뿍 준다. 포기 사이 30~50cm 간격으로 심는다.

■ 수확기

아주심기 한 다음 개화 후, 약 30일 전후면 수확이 가능하다. 수확은 오전 중에 하는 것이 신선도를 오래 유지할 수 있다.

■ 약리효과

참외 꼭지를 말린 것을 한방에서는 과체瓜蒂라 하여 최토제催吐劑로 쓰고 있다. 최토제란 위 속에 있는 내용물 중 독물이나 유해물질을 급하게 토해야 할 때 쓰이는 약물이고, 과체는 소화가 안 되고 가슴이 답답할 때 토하게 하는 약이며, 황달형 간염, 사지부종, 축농증 등에 효과가 있는 청열약이다.

■ 섭취방법

껍질을 제거하고 생과일로 먹거나 주스로 만들어 마신다.

딸기 Strawberry, 장미과

• **원산지** 남아메리카. • **생태** 다년초.

장미과의 다년생 채소로 우리나라 전 국토에서 널리 재배된다. 과실의 모양은 공 모양, 달걀 모양 또는 타원형이며, 대개는 붉은색이지만 드물게 흰색 품종도 있다. 재배종은 원예적으로 육성된 것으로 유럽이나 미국에서 몇 종의 야생종과 교배시킨 것이라고 한다. 현재의 딸기가 재배되기 시작한 것은 17세기경부터이다.

생육에 적당한 온도는 23℃이나 월동 기간 중에는 낮은 온도에도 강하여 기온이 –5℃ 정도가 되어도 잎자루나 뿌리는 피해를 받지 않고, 한랭한 지방에서도 충분히 생장한다. 같은 그루에서 매년 수확할 수도 있으나 점차 열매가 작아진다.

■ 잎

잎은 뿌리에서 나오며, 엽병이 길고, 가장자리에 치아상의 톱니가 있다.

■ 꽃

꽃은 지름 3cm로서 백색이고, 화경花莖 끝의 취산화서에 5~15송이가 달린다. • 개화기 5~6월.

■ 심는시기 · 심는방법

딸기는 종자를 채종하지 않고 자묘를 채취하여 사용한다. 자묘 채취시기는 7월 중~하순이 좋다. 정식시기는 9월 상순경이 적당하며 남부지방에서는 10월 상순에 정식하여도 된다. 1.2m~1.5m의 이랑 폭에 30~40cm 주간으로 3~4줄 심는다.

■ 수확기

노지 재배에서는 개화 후 30일 전후에 수확이 가능하다. 수확은 온도가 낮은 아침과 저녁에 하는 것이 좋으며, 한낮에 수확하면 과실이 상하기 쉽다.

■ 효능

딸기는 비타민 C의 함량이 아주 높아 100g당 80mg 귤보다 1.5배, 사과보다는 10배가 많다. 딸기 6~7알이면 하루 필요한 비타민 C를 모두 섭취할 수 있다. 이 비타민 C는 여러 가지 호르몬을 조정하는 부신피질의 기능을 활발하게 하므로 체력증진에 효과가 있다.

■ 섭취방법

맛도 좋고 몸에도 좋은 딸기는 효능만큼 먹는 법도 다양하다. 생크림에 찍어 먹거나 쉐이크, 요플레, 아이스크림 등과 함께 섭취하면 좋다. 흔히 딸기에 설탕을 뿌려먹는데 이는 잘못이다. 설탕은 딸기의 향과 비타민 C를 파괴한다.

한국의 텃밭 작물 _ 기타 작물

팥 _소두小豆

Red bean 콩과

• **원산지** 중국. • **생태** 1년초.

팥의 원종原種에 대하여는 분명하지 않으나 원산지는 중국 일대일 것으로 추정되고 있으며, 동양에서 오래 전부터 재배한 작물이다. 한국에는 중국에서 들어온 것으로 여겨지며 재배한 역사도 오래된 작물이다.

팥은 다른 콩과 식물처럼 뿌리에 공생하는 뿌리혹박테리아가 질소를 고정해 유기질소화합물을 만들기 때문에 척박한 땅에서 잘 자란다. 콩과 비슷한 기후에 알맞지만 콩보다 따뜻하고 습한 기후가 적당하며, 냉해와 서리의 피해를 받기 쉽다.

붉은 팥죽을 쑤어 먹는 동지冬至는 옛날에는 큰 명절로서 지냈으나, 최근에는 제사는 안 모시고 붉은 팥죽을 쑤어 나누어 먹는 풍속만이 있다. 한국의 민속에서는 붉은색은 귀신이 꺼리는 색이라 하여 악귀를 몰아내고, 집안의 안위安慰와 무병無病을 기원할 때 많이 쓴다.

■ 잎

잎은 어긋나고 3개의 작은잎으로 된 겹잎이며, 긴 잎자루의 밑부분에 작은 턱잎이 있다. 작은잎은 달걀 모양 또는 마름모꼴 달걀 모양이다.

■ 꽃

꽃은 잎겨드랑이에서 긴 꽃자루가 나와 4∼6개의 노란색 접형화蝶形花가 달린다.

- **개화기** 8월.

■ 심는시기 · 심는방법

포기당 파종량은 2~3립으로 하며, 이랑 나비 60cm로 하여 6월 중에는 토양의 비옥도에 따라 포기당 10~15cm로 조절하여 파종하고, 7월에 파종하는 경우에는 생장량이 적으므로 포기 사이를 10cm로 하여 파종하는 것이 좋다.

■ 수확기

잎이 황변하고 탈락하며, 꼬투리가 변색되고 종실이 꼬투리에서 이탈하게 되는 시기가 수확 적기이다.

■ 약리효과

간을 하지 않고 팥을 삶은 물은 이뇨작용에 좋고, 부기를 뺀다. 뿐만 아니라 피하지방의 축적을 방지하기 때문에 다이어트에 좋다. 하지만 당분을 첨가해서 만든 팥죽이나 '앙꼬'는 살이 찐다.

■ 섭취방법

팥은 팥죽을 쑤어 먹거나 밥에 잡곡으로 넣어 먹으며, 떡이나 빵의 고물과 속으로 쓴다.

콩_대두大豆 Soybean 콩과

• **원산지** 중국. • **생태** 1년초.

양질의 단백질을 함유한다고 하여 '밭에서 나는 고기'라고 할 정도이다. 콩은 야생의 들콩으로부터 재배작물로 발달하였다. 원산지는 중국 동북 지역으로 추정된다. 중국에서는 오곡의 하나로 4,000년 전부터 재배되었으며, 한국에는 삼국시대 초기BC 1세기 초부터 재배되었다는 기록이 있다.
콩은 색, 파종기나 수확기의 용도에 따라 여러 가지로 구별되는데, 늦은 여름이나 초가을에 수확하는 여름콩, 여름에 파종하여 늦가을에 수확하는 가을콩, 늦봄에 파종하여 가을에 수확하는 중간콩 등이 있다. 우리나라의 주요 품종은 대개 중간콩과 가을콩들이 많다.
콩은 용도에 따라서 구별되어 쓰인다. 단백질 함량이 높은 중·대립 흰콩은 장콩으로 두부, 된장용으로, 소립인 흰콩은 나물콩으로 콩나물용으로, 유지함량이 높은 중·소립은 기름콩으로 착유용으로, 종실이 굵은 검정콩, 밤콩 등은 밥밑콩으로 밥에 넣어 먹는 것 등으로 쓰인다.
어린 열매는 완두콩이다.

■ 잎

잎은 어긋나고, 3장의 작은잎이 나오고, 작은잎은 달걀 모양 또는 타원 모양이고, 가장자리가 밋밋하다.

■ 꽃

꽃은 자줏빛이 도는 붉은색, 또는 흰색으로 피고, 잎겨드랑이에서 나온 짧은 꽃대에 총상꽃차례를 이루며 달린다.

- 개화기 7～8월.

■ 심는시기 · 심는방법

파종시기는 5월 상순~6월 하순이다.

재식 밀도는 생육 일수가 긴 적기 파종보다는 생육 기간이 짧은 단작으로 하는 것이 좋은데, 일찍 파종할 경우에는 영양 생장이 길어져 무성하게 자라게 되므로 이랑 나비 60cm에 포기 사이 15~20cm 정도로 하고, 늦게 파종할 경우에는 이랑 나비 60cm에 포기 사이 10~15cm로 하며, 포기당 2개체를 심는다.

■수확기

콩꼬투리의 80~90%가 갈색으로 변색되면 수확하는데, 우선 콩대를 베어 적당한 수분조건이 될 때까지 작은 단으로 묶어 세우거나 밭에 깔아 말린 후에 탈곡한다.

■약리효과

구성물질의 대부분이 콜레스테롤을 낮추는 작용을 하는 리놀산이므로 동맥경화와 고혈압을 예방하는 효능이 있

다. 부드럽게 삶은 콩과 달인 즙은 소화흡수에 좋고, 고령자들의 식사에 적합하다. 또한, 발아 부분에 여성 호르몬과 닮은 활동을 하는 인프라본이 함유되어 있으므로, 갱년기장애, 골다공증을 경감한다.

■ 섭취방법

메주, 두부, 비지, 된장, 간장, 콩가루, 콩나물, 콩기름 등을 만들어 각종 요리에 이용한다.

옥수수 Corn 벼과

• **원산지** 남아메리카. • **생태** 1년초.

쌀, 밀과 함께 세계 3대 주요 곡식의 하나이다. 원산지는 멕시코에서 남아메리카 북부라고 하나 그 원종이 아직까지 명확하지 않다. 하지만 적어도 수천 년 전부터 주요 작물로서 남북 아메리카 대륙에 걸쳐 널리 재배되었다. 1492년 콜럼버스가 옥수수 재배하는 것을 보고 종자를 에스파냐로 가지고 돌아간 후부터 30년 동안에 전 유럽에 전파되었으며, 그 후 인도나 중국에도 16세기 초에는 널리 퍼졌다. 우리나라에는 16세기에 중국에서 전래된 것으로 알려져 있다. 중국음의 '위수수玉蜀黍[yù shǔ shǔ]'에서 유래하여, 우리식 발음인 옥수수가 되었다. 지방에 따라서 강냉이, 강내미, 옥시기 등으로 예부터 불려오고 있다. 알맹이 색은, 백, 황, 자, 갈색 등 종류가 많다.

잎

잎은 호생하며, 길이가 1m 정도에 달하고, 표면에 털이 있으며, 윗부분이 뒤로 젖혀져서 처지고, 밑부분이 원줄기를 감싼다.

꽃

옥수수는 암꽃과 수꽃이 같은 포기에 있는 자웅동주 식물로 숫꽃인 숫이삭은 줄기 끝에 달리며 암꽃인 암이삭수염 부분은 줄기의 중간 마디에 열매와 함께 달린다.

- **개화기** 7월.

■ 심는시기 · 심는방법

옥수수는 기온이 높고 습기가 많으며 볕이 잘 쬐는 곳이 가꾸기에 알맞다. 땅을 가리지는 않지만 비교적 기름진 땅에서 잘 자라고 열매도 잘 달린다. 옥수수의 씨는 굵은 자루를 골라 따서 가운데 부분에 붙은 충실한 씨알을 골라서 쓰는 것이 좋다. 씨는 4월 중순에서 5월 상순에 포기 사이 30~36cm로 하여 3~4알씩 뿌린다. 거름은 많이 줄수록 수확을 많이 얻을 수 있으므로 거름을 충분히 주는 것이 좋다. 싹이 튼 다음에는 한 군데에 1대씩 남기고 솎아 준 다음 북주기를 한다.

■ 수확기

간식용으로 할 것은 7월 말부터 덜 여문 것을 따지만, 저장할 것은 9월부터 완전히 여문 것을 따서 말리는데, 이 시기는 수염이 나오는 시기로부터 35~42일 정도 되는 때이며, 옥수수 이삭껍질이 황색으로 변한 상태이다.

■약리효과

약용으로 쓰는 부위는 수염 부분이다. 한방에서는 이것을 옥미수玉米鬚라고 한다. 수염은 암술대가 길게 실처럼 늘어난 것이며, 다발 형상으로 포엽 끝에서 난다. 이것을 모아 건조시킨 것을 달여 마시면 이뇨, 혈압과 혈당을 내리게 하고, 지혈 작용을 하며, 당뇨병, 요로결석, 고혈압, 코피, 담석, 동맥경화를 예방한다.

■ 효능

지방함량이 적고 식이섬유소가 많아 다이어트 음식으로 많이 이용되고 있으나 비타민과 무기질, 필수아미노산이 부족하므로 옥수수만 먹는 원푸드다이어트는 바람직하지 않다. 하지만 식이섬유소가 풍부하여 변비에 효과적이다.

■ 섭취방법

쪄서 간식으로 이용하거나 건조시켜 가루를 내어 빵, 과자, 죽 등에 이용한다.

연근 Lotus, 연꽃과

• **원산지** 중국. • **생태** 다년초.

수생水生의 여러해살이 초본식물로 땅속줄기地下莖 선단에 연근을 형성한다.
얕은 연못이나 깊은 논을 이용하여 재배하며, 식용으로 한다. 뿌리를 이용하기 위한 품종은 3~4종류가 있는데 꽃을 관상하기 위한 것과는 다르다. 연근을 목적으로 하는 재배는 표토表土가 깊고 유기질이 많은 양토壤土나 점질양토가 적당하며, 유기질 비료를 주로 사용한다. 재배는 간단하지만 진흙 속의 땅속줄기를 상하지 않게 수확하려면 숙련과 많은 노력이 필요하다. 번식은 봄마다 뿌리의 선단부先端部 2마디 정도를 심거나 수확할 때에 이것을 적당하게 남겨 둔다. 연근의 주성분은 녹말이다.

■심는시기 · 심는방법

4월 하순~5월 상순에 심는다. 씨연뿌리는 새눈이 충실한 것으로 두 개 내지 세 개의 마디에 새끼 연뿌리가 붙은 700~1,000g 정도의 것을 이용한다. 심을 때는 깊이를 12~15cm에 15° 정도의 경사로 비스듬히 심으며, 꼬리부분이 약간 지면 위로 나오게 한다. 연뿌리는 물가에서 1~1.5m의 공간을 두고 심어야 하며, 씨연뿌리는 항상 바깥쪽을 향하지 않고 안쪽을 향하여 자랄 수 있도록 심는다.

■수확기

9~3월 하순에 괭이로 표토를 제거하고, 연뿌리가 상하지 않도록 손으로 파 올린다. 수확 1개월 전에 단수하여야 연근의 생장이 좋다.

■약리효과

연근에는 지혈과 빈혈 개선에 좋은 효능이 있다. 식용으로도 사용할 수 있어서, 죽을 만들 때 넣으면 무병장수, 자양 강장에 좋다.

연근차는 장벽을 자극하여 변비에 좋으며, 비정상적으로 높은 콜레스테롤 수치를 떨어뜨리고, 담석을 제거하는 효과가 있다. 특히 수술 뒤 발생되는 변비에 좋다. 만드는 방법은 연근 반 뿌리에 물 300㎖의 비율로 섞어 끓이는데, 연근을 물에 깨끗이 씻어 물기를 빼고 적당한 크기로 썬 다음, 다관에 담고 물을 부어 끓인다. 물이 끓으면 약한 불로 줄여 10~15분 정도 더 끓인다. 다 끓인 뒤 국물만 따라 내어 수시로 마신다.

■ 섭취방법

연근의 주성분은 녹말이다. 연근에서 얻은 녹말을 우분藕粉이라 하며 『증보산림경제』에서는 우분에 멥쌀을 섞어 밥을 지은 후 꿀을 섞어 먹는 것을 연자분이라 하고 있다. 현재는 주로 정과正果나 조림 등에 사용되며, 아삭아삭한 입의 촉감이 특징이다. 조리할 때에는 껍질을 벗긴 다음, 곧 소금이나 식초를 넣은 물에 잠깐 담가 떫은맛을 제거한 후에 끓이거나 삶거나 튀긴다.

수세미 Loofah, 박과

• **원산지** 열대 아시아. • **생태** 1년초.

녹색의 줄기는 덩굴성으로 덩굴손이 나와 다른 물체를 감으며 자란다. 숙성한 열매에는 섬유질이 풍부하여, 예전의 농가에서는 수세미를 설거지 도구로 사용할 목적으로 많이 재배했다. 욕실에서 사용하는 스폰지 대용으로 쓰기도 했다. 어린 열매는 먹을 수 있다.

■ 잎

어긋나게 달리는 잎은 긴 잎자루가 있고 장상으로 3~7 갈래로 깊게 갈라지며 거칠고 특유의 냄새가 난다.

■ 꽃

암수한그루로 8월쯤에 노란색의 꽃이 핀다. 수꽃은 총상화서로 달리며, 암꽃은 1개씩 달린다. • 개화기 8월.

■ 열매

열매는 원통형이고, 어릴 때는 녹색이며, 성숙하면 짙은 갈색으로 된다. 길이는 30~60cm이고, 겉에 얕은 골이 세로로 있다.

■ 심는시기 · 심는방법

4월 하순~5월 상순에 텃밭에 바로 씨를 뿌려도 되고, 실내에서 키운 묘를 심을 때에는 묘와 묘 사이의 간격을 20~30cm, 이랑 간격을 120~180cm 정도를 두고 심는다. 수세미는 뿌리가 약한 식물로 뿌리 위에 흙이 약간 덮일 정도의 깊이로만 심고 묘를 눌러 심지 않는다.

■ 수확기

수세미 열매는 꽃이 피고, 약 40일~50일이 지나면 꼭지가 갈색으로 변하여 수확이 가능해진다. 빠르면 9월쯤이면 첫 수확이 가능하다. 길이는 30cm~70cm 정도로 처음에는 녹색으로 달려 있다가 익으면 노랗게 변한다. 식용으로는 어린 열매를 수확한다.

■ 약리효과

과실을 동그랗게 썰어 달여서 마시면 관절염 등에 좋은 약이 된다. 또 여름에서 가을 무렵 지상에서 30~40㎝ 지점 쯤에 있는 줄기를 잘라 그것을 병에 넣어두면 뿌리부터 빨아들인 수분이 축적되어 수세미 물을 얻을 수 있다. 이 물이 절반이 될 때까지 달여서 복용하면 부기를 제거하는 데 효과가 있다. 거칠어진 피부에도 좋아서 화장수 대용으로 써도 좋다.

■ 섭취방법

즙으로 마시거나 무치거나 생으로 먹는다.

해바라기 Sunflower, 국화과

• **원산지** 북아메리카. • **생태** 1년초.

향일화向日花 · 산자연 · 조일화朝日花라고도 한다. 아무데서나 잘 자라지만, 특히 양지바른 곳에서 잘 자란다. 해바라기란 중국 이름인 향일규向日葵를 번역한 것이며, 해를 따라 도는 것으로 오인한 데서 붙여진 것이다.

원산지는 북미 중서부로, 신대륙 발견 후 유럽에 도입되었다가 18세기에 러시아로 건너가 대형 러시아 해바라기가 육성되었다. 해바라기 꽃의 종류는 중심이 흑갈색인 것과 녹색인 것이 있다. 흑갈색인 것은 주로 관상용이다. 녹색인 것은 해바라기 유를 채취하는 용도이며, 씨의 길이는 1~2㎝ 정도로 매우 크다.

■ 잎

잎은 어긋나고 잎자루가 길며 심장형 달걀 모양이고 가장자리에 톱니가 있다.

■ 꽃

꽃은 원줄기가 가지 끝에 1개씩 달려서 옆으로 처진다. 꽃의 지름은 8~60cm이다. • 개화기 8~9월.

■ 심는시기 · 심는방법

4~5월에 파종한다. 종자가 크므로 심는 간격은 30cm 정도로 하고, 심기 전에 물을 흠뻑 주고, 깊이 2cm 정도로 2~3개씩 심는다. 10℃ 이상만 되면 7~10일 사이에 발아한다.

■ 수확기

꽃이 진 다음에 채취한 씨를 식용으로 사용한다. 양질의 기름은 씨앗껍질이 검정색인 것에서 채취한다. 해바라기씨 기름에는 리놀산, 비타민 E가 함유되어 있다.

■ 약리효과

씨에 세로무늬가 있는 것이 식용이며, 그 안의 씨앗을 먹으면 변비를 개선한다. 줄기 속도 약재로 이용하는데 이뇨 · 진해 · 지혈에 사용한다.

■ 섭취방법

씨앗을 볶아서 껍질을 벗기고 식용한다.

텃밭작물의 모든 것
한국의 텃밭작물

2010년 3월 10일 초판 1쇄 발행
2011년 5월 15일 초판 2쇄 발행

■
엮은곳 텃밭지기들 편
펴낸곳 아이템북스
디자인 김 영 숙
마케팅 최 용 현

■
출판등록 2001년 8월 7일
등록번호 제2-3387호
주 소 서울시 마포구 서교동 444-15